分析化学实验

主 编 常 薇

副主编 郁翠华

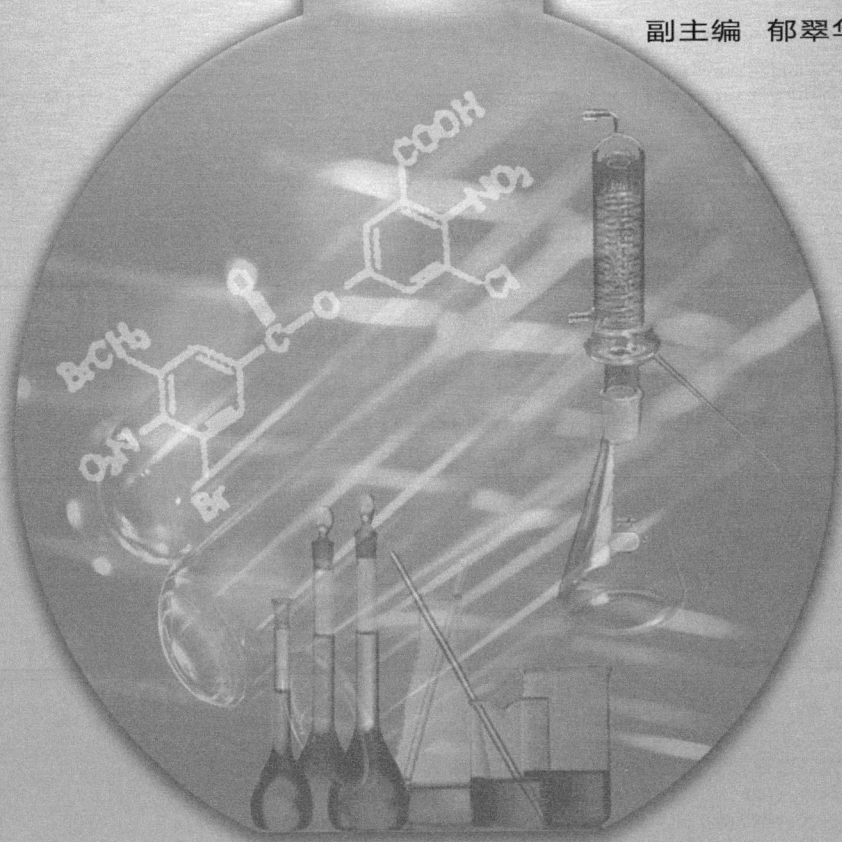

西安交通大学出版社

XI'AN JIAOTONG UNIVERSITY PRESS

内容简介

本书主要内容包括分析化学实验的基本知识、分析化学实验的基本操作技术及实验部分。实验部分包括 52 个基本实验项目,分析方法涉及经典的化学定量分析、紫外-分光光度法、电化学分析法、原子光谱法、原子吸收光谱法、色谱分析法、荧光光度法、红外吸收光谱法、流动注射分析法、热分析、氨基酸分析等。为培养学生独立思考及创新能力,在基本操作技能实验的基础上,增加了综合性、设计性实验内容,可根据需要选用。本书可作为高等理工科院校应用化学、环境工程、生物工程、轻化工等各专业的本、专科生教材,也可供相关专业师生及科技人员参考。

图书在版编目(CIP)数据

分析化学实验/常薇主编 . —西安:西安交通大学
出版社,2009.8(2024.1重印)
　ISBN 978 - 7 - 5605 - 3124 - 3

　Ⅰ.分…　Ⅱ.常…　Ⅲ.分析化学－化学实验－高等
学校-教材　Ⅳ. O652.1

中国版本图书馆 CIP 数据核字(2009)第 085557 号

书　　名	分析化学实验	
主　　编	常　薇	
责任编辑	屈晓燕	

出版发行　西安交通大学出版社
　　　　　(西安市兴庆南路 1 号　邮政编码 710048)
网　　址　http://www.xjtupress.com
电　　话　(029)82668357　82667874(市场营销中心)
　　　　　(029)82668315(总编办)
传　　真　(029)82668280
印　　刷　西安日报社印务中心

开　　本　727mm×960mm　1/16　印张 14.25　字数 262 千字
版次印次　2009 年 8 月第 1 版　2024 年 1 月第 5 次印刷
书　　号　ISBN 978 - 7 - 5605 - 3124 - 3
定　　价　23.80 元

如发现印装质量问题,请与本社市场营销中心联系。
订购热线:(029)82665248　(029)82667874
投稿热线:(029)82668818
读者信箱:jdlgy@yahoo.cn

前　言

　　分析化学实验是分析化学课程的重要组成部分,与理论课教学密切配合,使学生掌握分析化学的基础理论、基础知识和基本实验技能。在训练学生的实验操作能力、培养学生严谨求实的科学态度、创新意识及初步科研能力方面,分析化学实验发挥着理论课不可替代的重要作用。

　　近年来,随着实验教学改革的深入和发展,分析化学实验在教学内容、教学方法及教学仪器设备等方面均有了较大的发展和变化。因此,根据不同专业的特点,在充分考虑到分析化学将以仪器分析方法为主的发展趋势,本书将化学分析和仪器分析实验合编,对实验内容进行了优化和精选,这样有利于学生获得分析化学的整体知识,通过对不同实验方法的学习和比较,学会针对不同分析对象和条件选用不同的分析方法。

　　本书包括分析化学实验的基本知识、分析化学实验的基本操作技术及实验部分。实验部分包括了化学分析实验、仪器分析实验和综合设计性实验,分析方法涉及经典的化学定量分析、紫外-分光光度法、电化学分析法、原子光谱法、原子吸收光谱法、色谱分析法、荧光光度法、红外吸收光谱法、流动注射分析法、热分析、氨基酸分析等。为了培养学生的独立思考能力、创新能力和实际动手能力,在基本操作技能实验的基础上,增加了综合性、设计性实验内容,可根据需要选用。

　　本书由常薇任主编,郁翠华任副主编。常薇编写了第1、2章、附录、实验3.2～3.17、4.6、4.7、4.11、4.14、4.19～4.27、4.31～4.33;郁翠华编写了实验3.1、4.1～4.5、4.8～4.10、4.12、4.13、4.28～4.30和第5章;郑长征与郁翠华合编第5章;刘斌编写了实验4.15～4.18;杨敏鸽编写了实验4.34;范泳编写了实验4.35。在本书编写过程中,得到了西安工程大学环境与化工学院王力、解凤霞、薛凝等老师的大力支持与帮助,在此,谨向他们表示衷心的感谢。

　　限于编者的水平,书中的疏漏与不足之处在所难免,恳请专家和读者批评指正。

编者

2009 年 2 月

目　录

第1章　分析化学实验的基本知识

1.1　分析化学实验的基本要求

分析化学是一门实践性很强的学科。分析化学实验是化学相关专业的重要基础课程之一,它与分析化学理论课教学紧密结合、相辅相成。

学生通过本课程的学习,可以加深对分析化学基本概念和基本理论的理解。正确熟练地掌握分析化学的基本操作,较系统地学习分析化学实验的基本知识,学习并掌握典型的分析化学方法。树立"量"的概念,运用误差理论和分析化学理论知识,找出实验中影响分析结果的关键环节,在实验中做到心中有数,统筹安排,学会合理地选择实验条件和实验仪器,正确处理实验数据,以保证实验结果准确可靠。培养良好的实验习惯、实事求是的科学态度、严谨细致的工作作风和坚韧不拔的科学品质。通过设计性实验,培养学生分析归纳能力、创新精神和独立工作能力。为学习后续课程和将来参加工作打下良好的基础。

为达到上述目的,要求学生做到以下几点。

(1)实验前必须认真预习,理解实验原理,熟悉实验步骤及注意事项,做到心中有数,并写好预习报告。

(2)严格遵守实验规定,保持室内安静、整洁。实验台保持清洁,仪器和试剂摆放整齐有序。注意节约使用纯水和化学试剂。爱护仪器,注意安全。

(3)实验要严格按照规范进行操作,仔细观察,及时记录,勤于思考,学会运用所学的理论知识解释实验现象,研究实验中的问题。

(4)所有的实验数据,尤其是各种测量的原始数据,必须随时记录在专用的实验记录本上。不得记录在其他任何地方,不得无故涂改原始实验数据。要认真写好实验报告。实验报告一般包括实验名称、日期、实验目的、简单原理、仪器与试剂、实验方法、实验结果(一定要列出计算公式)和问题与讨论。上述各项内容的繁简,应根据每个实验的具体情况而定,以清楚、简明、整齐为原则。实验报告中的有些内容,如原理、表格、计算公式等,要求在预习实验时准备好,其他内容则可在实验过程中以及实验完成后记录、计算和撰写。

(5)实验结束,要马上清洗自己使用过的玻璃仪器,清理实验台面,并把自己使用过的仪器、药品整理归位,及时打扫实验室卫生,关好水、电的开关和门窗。要注意爱护仪器和公共设施,养成良好的实验习惯。

(6)实验课开始和学期结束时,都要按照仪器清单认真清点自己使用的一套仪器。实验中损坏和丢失的仪器及时领取补齐,期末按有关规定赔偿。

学生实验成绩评定,包括以下几项内容:预习情况及实验态度,实验操作技能,实验报告的撰写是否认真和符合要求,实验结果的精密度、准确度和有效数字的表达等。特别是实事求是的态度、严谨创新的精神与动手能力的培养,严禁弄虚作假,伪造数据。

要做好分析化学实验,不仅要有较强的动手能力,还要有较高的获取信息的能力,在实验中应注意运用理论课中学到的知识,积累操作经验,总结失败教训。实验当中不仅要动手,更要动脑,要把自己观察到的现象及时记录下来,为发现新物质、合成新材料做准备。只有做个有心人,才能为今后的学习和工作打下坚实的基础。

1.2　实验室安全常识

实验室安全包括人身安全及实验室、仪器、设备的安全。分析化学实验中,经常使用易燃、易爆、具有腐蚀性和毒性的化学试剂,大量使用易损的玻璃仪器、精密的分析仪器以及水、电、气等。为了确保人身安全和实验的正常进行,必须严格遵守以下规则:

(1)实验室内禁止饮食、吸烟,切勿以实验用容器代替水杯、餐具使用,防止化学试剂入口,实验结束后要洗手。

(2)使用 KCN、As_2O_3、$HgCl_2$ 等剧毒品时要特别小心,用过的废物不可乱扔、乱倒,应回收或进行特殊处理。不可将化学试剂带出实验室。

(3)使用浓酸、浓碱及其他具有强烈腐蚀性的试剂时,操作要小心,防止腐蚀皮肤和衣物等。易挥发的有毒或强腐蚀性的液体和气体,要在通风橱中操作(尤其是用它们热分解试样时)。浓酸、浓碱如果溅到身上应立即用水冲洗,洒到实验台上或地面上时要立即用水冲洗而后擦掉。

(4)使用可燃性有机试剂时,要远离火焰及其他热源,敞口操作并有挥发时应在通风橱中进行。试剂用后要随手盖紧瓶塞,置阴凉处存放。低沸点、低闪点的有机溶剂不得在明火或电炉上直接加热,而应在水浴、油浴或可调电压的电热套中加热。

(5)使用高压气体钢瓶时,要严格按操作规程进行操作。

（6）在仪器分析实验中，要在阅读仪器操作规程后或经教师讲解后再动手操作仪器。不要随便拨弄仪器，以免损坏或发生其他事故。

（7）使用自来水后要及时关闭。遇停水时要立即关闭水龙头，以防来水后发生跑水。离开实验室前应再检查自来水龙头是否完全关闭。

（8）实验过程中万一发生着火，不要惊慌，应尽快切断电源或燃气源，用石棉布或湿抹布熄灭（盖住）火焰。密度小于水的非水溶性有机溶剂着火时，不可用水浇，以防止火势蔓延。电器着火时，不可用水冲，以防触电，应使用干冰或干粉灭火器。着火范围较大时，应尽快用灭火器扑灭，并根据火情决定是否进行报警。

（9）使用汞时应避免泼洒在实验台或地面上；使用后的汞应收集在专用的回收容器中，切不可倒入下水道或垃圾桶内；万一发现少量汞洒落，应尽量收集干净，然后在可能洒落的地方洒上一些硫磺粉；最后清扫干净，并集中作固体废物处理。

1.3 玻璃仪器的洗涤与干燥

1.3.1 玻璃仪器

玻璃的化学性质稳定，有良好的抗腐蚀能力，容易洗涤，所以各种玻璃仪器被广泛应用于分析化学中。玻璃仪器的清洁与否直接影响分析结果的准确性与精密度，因此，必须十分重视玻璃仪器的清洗工作。

分析化学中常用的玻璃仪器通常可分为烧杯类、试剂瓶类、量器类和其他玻璃仪器。下面简要介绍一些常用玻璃仪器的有关知识。图 1-1 列出定量分析中常用的一些仪器。

1. 烧杯类

（1）烧杯：用硬质玻璃制成，有的带有容积刻度，但只供粗略估计溶液体积。烧杯供配制试剂溶液和加热试液用。常用的烧杯从 20～500 mL 有多种容量规格。

（2）锥形瓶：又称三角瓶，用硬质玻璃制成，因其便于用手旋转摇动，可迅速混合反应溶液，故大多用于滴定操作。用以加热液体时可避免迅速挥发，其规格一般与烧杯相同。

为防止液体蒸发和固体升华的损失（如碘量法测定操作），常采用具有磨口塞的锥形瓶或碘量瓶。

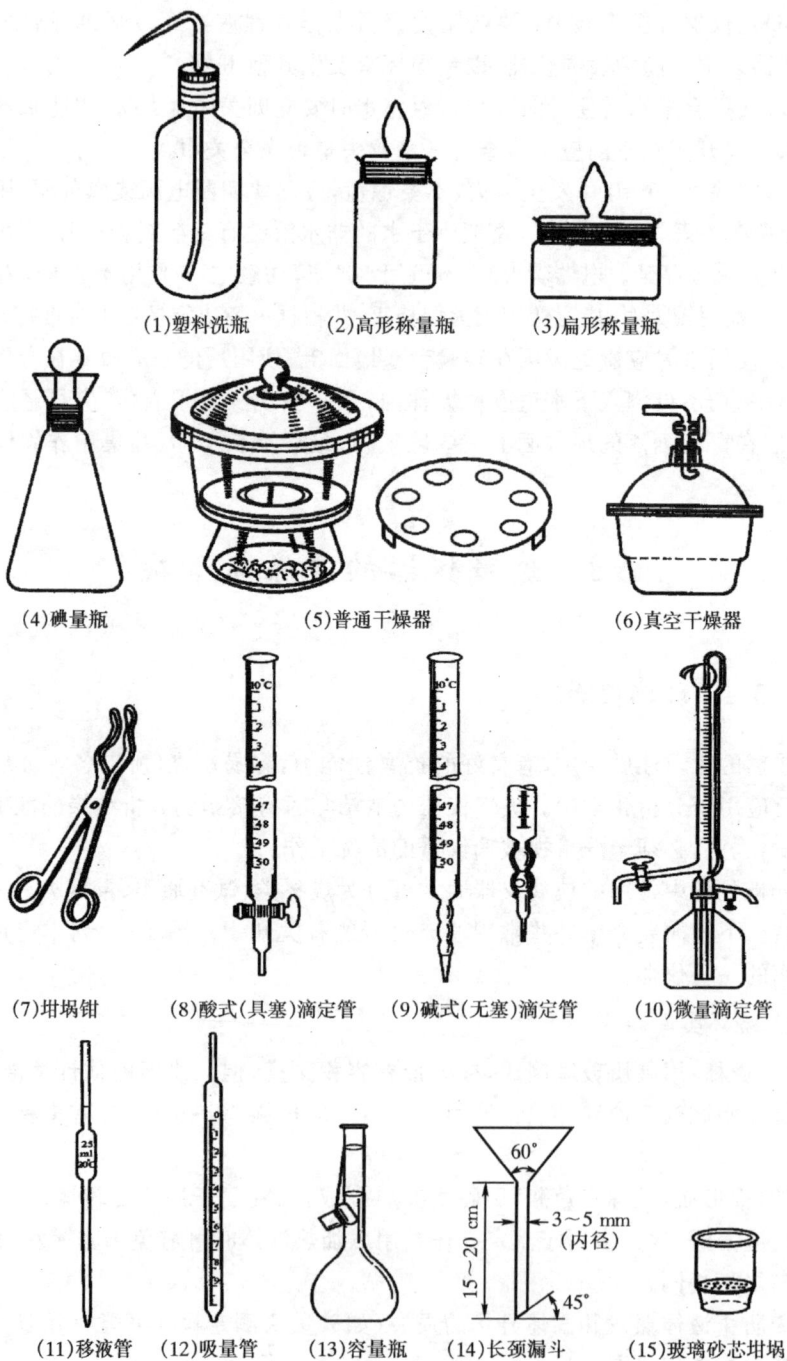

(1)塑料洗瓶　　　　　(2)高形称量瓶　　　　　(3)扁形称量瓶

(4)碘量瓶　　　　　(5)普通干燥器　　　　　(6)真空干燥器

(7)坩埚钳　　(8)酸式(具塞)滴定管　　(9)碱式(无塞)滴定管　　(10)微量滴定管

(11)移液管　　(12)吸量管　　(13)容量瓶　　(14)长颈漏斗　　(15)玻璃砂芯坩埚

图 1-1　定量分析中常用的一些仪器

2. 试剂瓶类

(1)试剂瓶:用于盛装各种试剂。试剂瓶从颜色上分成无色的和棕色的。棕色瓶用于贮存需避光保存的试剂,如碘溶液、硝酸银、碘化钾等。试剂瓶可分为碱式和酸式试剂瓶。碱式试剂瓶配橡皮塞或软木塞,用于盛装碱性试剂和浓盐溶液;酸式试剂瓶配玻璃瓶塞,不能贮存碱性试剂和易结晶的浓盐溶液,否则试剂的腐蚀作用或盐的结晶可使瓶塞固结而不易打开。试剂瓶从口径上可分为广口瓶和细口瓶。广口瓶多用于盛装固体药品,细口瓶通常盛装液体试剂或溶剂。

此外还有滴瓶,带有磨口滴管,容量通常不超过 100 mL,用于盛装和滴加指示剂溶液等。试剂瓶不宜骤冷骤热,不得在火上加热,否则会破裂损坏。

(2)洗瓶:现广泛使用的是聚乙烯塑料软瓶,容积一般为 500 mL,内盛实验纯水,使用时只需挤压瓶体,水即从尖嘴喷出。可用于吹洗玻璃仪器,或配制溶液时加水。使用时注意保证瓶内纯水不受污染。

3. 量器类

量器类一般使用称为"白料"的软质玻璃制成,不宜在火上直接加热。

(1)量筒:是一种容量允许误差较大的量出式量器,其误差大致相当于它的最小分度值。用于量取要求不太精确的液体体积,如用于配制普通试剂溶液或配制待标定的标准溶液。

(2)移液管:是一种精确的量出式量器,是定量分析的基本测量仪器。

(3)容量瓶:是精确的量入式量器,也是定量分析的基本测量仪器,用于配制标准溶液、定容试液和定量稀释。

(4)滴定管:是一种精确的量出式量器,是滴定分析的专用测量仪器,用于测量滴定剂的准确体积。

4. 其他玻璃仪器

(1)干燥器:用于保存已烘干的样品、试剂和称量瓶等,也用来存放需要防潮的小型贵重仪器。干燥器是具有磨口玻璃盖的玻璃圆筒,用带孔瓷板分隔成上下两层,上层是存物空间,下层则放有干燥剂,常用的干燥剂有无水氯化钙、硅胶、无水过氯酸镁和浓硫酸等。玻璃盖和器体接触的磨砂平面上涂以凡士林以保证其密封性。

揭开干燥器盖子时,应一手抱住干燥器,一手轻轻推开盖子。揭开干燥器盖后,要注意防止磨口处凡士林被沙尘等沾污而影响其密闭性,也要特别注意防止盖子滑跌而损坏。

为避免过多吸收空气中的水分,要及时盖好干燥器盖子。为保持干燥剂长期有效,应定时更换或烘干干燥剂。

(2)称量瓶:是有磨口玻璃盖的器皿,有高形和扁形两种,高形称量瓶常用来放置在称量过程中容易吸收水分和二氧化碳的称量物;扁形称量瓶常用来测定试样水分。使用前必须洗净烘干,然后放入称量物,烘干后的称量瓶一般不能直接用手拿取,因为可能沾污称量瓶而造成称量误差。可以用干净的纸条或塑料条套在称量瓶上,然后拿取。

1.3.2 玻璃仪器的洗涤与干燥

应用于分析化学实验中的玻璃仪器,必须仔细洗净。经洗净的玻璃器皿,其内壁应被水均匀润湿而无水的条纹,且不挂水珠。

实验中常用的烧杯、锥形瓶、量杯等一般玻璃器皿,可用毛刷,蘸去污粉或合成洗涤粉刷洗,再用自来水冲净,然后用蒸馏水或去离子水润洗 2～3 次。滴定管、移液管、吸量管、容量瓶等具有精确刻度的仪器,洗涤时应更加小心,通常用以下的方法洗涤。

滴定管如无明显油污时,可直接用自来水冲洗。若有油污,则在滴定管中倒入铬酸洗涤液(注意,别溅在手和衣服上),将滴定管横过来(注意,别让活塞掉下来),两手平端滴定管转动直至洗涤液布满全管。碱式滴定管应先将橡皮管卸下,用橡皮乳头套在滴定管底部,再倒入洗涤液进行洗涤。然后将洗涤液倒回洗涤液瓶中,用自来水冲洗于净,污染严重的滴定管,可竖直倒入铬酸洗涤液浸泡数小时后,再用自来水冲洗。

容量瓶用水冲洗后,如还不干净,可倒入铬酸洗涤液充分摇动或浸泡,再用自来水冲洗干净,但不得使用瓶刷刷洗。移液管、吸量管,可吸取铬酸洗涤液进行洗涤。若污染严重,可将它们放在高型玻璃筒或大量筒内用铬酸洗涤液浸泡,再用自来水冲洗干净。

光度法使用的比色皿,是由光学玻璃或石英玻璃制成的,不得用毛刷刷洗。通常视沾污的情况,选用盐酸-乙醇、合成洗涤剂或热水浸泡等方法浸泡后,用自来水冲洗干净。

上述玻璃仪器洗好后,将用过的洗涤液倒回原瓶贮存备用,仪器用自来水冲洗干净后,必须用蒸馏水或去离子水润洗 2～3 次。

当实验中需使用干燥的器皿时,可根据不同的情况,采用下列方法将洗净的器皿干燥。

(1)晾干:将洗净的器皿置于实验柜或器皿架上晾干。

(2)烘干:将洗净的器皿放进干燥箱中烘干,放进干燥箱前要先把水沥干。也可将器皿套在"气流烘干机"的杆子上进行烘干,但量器不可采用烘干的方法。

(3)用有机溶剂润洗后吹干:用少量乙醇或丙酮润洗已洗净的器皿内壁,倾出溶剂后,用电吹风吹干或用气流烘干机烘干。

1.3.3 常用洗涤液的配制和使用

(1)餐具洗涤剂溶液

将餐具洗涤剂用水稀释成溶液,用毛刷蘸取刷洗,适合洗涤被油脂或某些有机物沾污的玻璃仪器,是实验室最普通最常用的洗涤剂。

(2)强酸性氧化剂溶液(铬酸洗液)

由重铬酸钾与浓硫酸配制而成。前者在酸性溶液中形成多重铬酸钾,有很强的氧化能力,该洗液对玻璃仪器侵蚀作用小,洗涤效果好,但六价铬能污染水质,应注意废液的处理。

铬酸洗液的配制:称取 20 g 工业重铬酸钾置于 40 mL 水中加热溶解,冷却。缓慢加入 360 mL 工业浓硫酸(注意不能将重铬酸钾溶液加入浓硫酸中)边加边用玻璃棒搅拌。因为二者混合时大量放热,故浓硫酸不要加得太快,注意防止因过热而发生迸溅。配好后冷却,装入有盖的玻璃器皿中备用。新配制的洗液呈暗红色,氧化能力很强。应随时盖好器皿的盖子,以免洗液吸收空气中水分而逐渐析出 CrO_3,降低洗涤能力。使用温热的洗液可提高洗涤效率,但失效也加快。洗液经长期使用或吸收过多水分即变成墨绿色,表明已经失效,不宜再用。

铬酸洗液具强烈腐蚀性,使用时要小心,要避免洒到手上、衣服上、实验台上以及地上,一旦洒出应立即用水稀释并擦拭干净。另外,仪器中有残留的氯化物时,应除掉后再加入铬酸洗液,否则会产生有毒的挥发性物质。

(3)$NaOH - KMnO_4$ 洗涤液

在台秤上称取 4 g $KMnO_4$ 于 250 mL 烧杯中,加少量水使之溶解,向该溶液中慢慢加入 100 mL 10% NaOH 溶液,混匀后贮存于带橡皮塞的玻璃瓶中备用。该洗涤液适用于洗涤油污及有机物,洗涤后在器皿上留下的褐色氧化锰沉淀物,可用 HCl 或草酸洗液洗除。碱性高锰酸钾不应在所洗器皿中长期存留。

(4)氢氧化钠-乙醇溶液

将 120 g NaOH 溶于 150 mL 水中,再用 95% 的乙醇稀释至 1 L,此液主要用于洗去油污及某些有机物。用它洗涤精密玻璃量器时,不可长时间浸泡,以避免腐蚀玻璃,影响量器精度。

(5)盐酸-乙醇洗涤液

将化学纯的盐酸和乙醇按 1:2 的体积比进行混合,此洗涤液主要用于洗涤被染色的吸收池、比色管、吸量管等。洗涤时最好是将器皿在此液中浸泡一定时间,然后再用水冲洗。

(6)合成洗涤剂或去污粉

此类洗涤液适合于一般性的污染物的洗涤,最好用热的溶液。洗涤完后注意用自来水冲洗干净。

1.4 分析用纯水

纯水是分析化学实验中最常用的纯净溶液和洗涤剂。根据具体分析的任务和要求不同,对水的纯度的要求也不同。一般的分析工作采用蒸馏水或去离子水即可,而对于超纯物质的分析,则要求使用纯度较高的高纯水(一级水)。

我国国家标准中规定了分析实验室用水的级别和技术指标等,如表1-1所示。

表1-1 分析实验室用水的级别及主要技术指标(引自 GB 6682—92)

指标名称＼级别	一级	二级	三级
pH 范围(25℃)	—	—	5.0～7.5
电导率(25℃)/(mS·m^{-1})	≤0.01	≤0.01	≤0.05
可氧化物质(以 O 计)/(mg·L^{-1})	—	< 0.08	< 0.4
蒸发残渣(105℃±2℃)/(mg·L^{-1})	—	≤1.0	≤2.0
吸光度(254 nm, 1 cm 光程)	≤0.001	≤0.01	
可溶性硅(以 SiO$_2$ 计)/(mg·L^{-1})	< 0.01	<0.02	

电导率是纯水质量的综合指标,一、二级水的电导率必须"在线"(即将测量电极安装在制水设备的出水管道内)测量。纯水在贮存和与空气接触中都会引起电导率的改变,水越纯,其影响越显著。一级水必须临用前配制,不宜存放。

1.4.1 纯水的制备和质量检验

1. 制备纯水的常用方法

制备纯水常用以下三种方法。

(1)蒸馏法

自来水在蒸馏器中加热汽化,水蒸气冷凝而成蒸馏水。蒸馏器的材料有铜、玻璃、石英等,其中石英蒸馏器制备的蒸馏水含杂质最少。该法能去除水中非挥发性杂质,但不能去除易溶于水的气体。

(2)离子交换法

这是应用离子交换树脂分离水中杂质离子的方法,故制得的水称为去离子水。目前多采用阴、阳离子交换树脂的混合床来制备纯水。该法制备水量大、成本低、去离子能力强，但不能除掉水中非离子型杂质，而且操作较复杂。

（3）电渗析法

它是在外电场作用下，利用阴、阳离子交换膜对溶液中的离子选择性透过，使杂质离子从水中分离出来的方法。该法不能除掉非离子型杂质，而且去离子能力不如离子交换法。但再生处理比离子交换法简单，电渗析器的使用周期也比离子交换柱长。好的电渗析器制备的纯水质量可达到三级的水平。

三级水是最常使用的纯水，可用上述三种方法制取。除用于一般化学分析实验外，还可用于制取二级水、一级水。

二级水可用多次蒸馏或离子交换法制取，它主要用于仪器分析实验或无机痕量分析。

一级水可用二级水经石英蒸馏器蒸馏或经阴、阳离子混合床处理后，再经 $0.2 \mu m$ 微孔滤膜过滤制取。它主要用于超痕量分析及对微粒有要求的实验，如高效液相色谱分析用水。一级水应存放于聚乙烯瓶中，临用前制备。

在分析实验中，要根据不同的情况选用适当级别的纯水，在保证实验要求的前提下，节约用水。

2. 纯水的检验

纯水的检验有物理方法（测定水的电导率）和化学方法两类。根据一般分析实验室工作的要求，纯水检验通常有下面几个主要项目：

（1）电导率或电阻率

水的电导率越小，表明水中所含杂质离子越少，水的纯度越高。测量一级水、二级水时，电导池常数为 $0.01 \sim 0.1$，进行在线测量；测量三级水时，电导池常数为 $0.1 \sim 1$，用烧杯接取 400 mL 水样，立即进行测定。在实践中，人们往往习惯于用电阻率衡量水的纯度，$25 ℃$ 时电阻率为 $(1.0 \sim 10) \times 10^6 \ \Omega \cdot cm$ 的水为纯水，大于 $10 \times 10^6 \ \Omega \cdot cm$ 的水为超纯水。

（2）酸碱度

要求 pH 为 $6 \sim 7$。取 2 支试管，各加被检查的水 10 mL，一管加甲基红指示剂 2 滴，不得显红色；另一管加 0.1% 溴麝香草酚蓝（溴百里酚蓝）指示剂 5 滴，不得显蓝色。在空气中放置较久的纯水，因溶解有 CO_2，pH 可降至 5.6 左右。

（3）钙镁离子

取 10 mL 被检查的水，加氨水-氯化铵缓冲溶液（pH≈10），调节溶液 pH 至 10 左右，加入铬黑 T 指示剂 1 滴，不得显红色。

（4）氯离子

取 10 mL 被检查的水，用 HNO_3 酸化，加 1% $AgNO_3$ 溶液 2 滴，摇匀后不得有浑浊现象，若出现白色乳状物，则水不合格。

(5)Cu^{2+}、pb^{2+}、Zn^{2+}、Fe^{3+}、Ca^{2+}、Mg^{2+}等金属离子

取 25 mL 水于小烧杯中,加 1 滴 0.2%铬黑 T 指示剂,pH10 的氨性缓冲溶液 5 mL,若呈蓝色,说明上述离子含量甚微,水合格;若呈红色,则说明水不合格。

(6)硅酸盐

取 10 mL 水于小烧杯中,加入 5 mL 4 mol・L^{-1}的 HNO_3,5 mL 50 g・L^{-1}钼酸铵,室温下放置 5 min 后,加入 5 mL 100 g・L^{-1}的 Na_2SO_3 溶液,观察是否出现蓝色,如呈现蓝色则不合格。

1.5 化学试剂

1.5.1 常用试剂的规格

化学试剂的种类很多,世界各国对化学试剂的分类和分级的标准不尽一致,国际纯粹与应用化学联合会(IUPAC)将化学标准物质依次分为 A~E 的五级,其中 C 级和 D 级为滴定分析标准试剂(含量分别为(100±0.02)%和(100±0.05)%),E 级为一般试剂。我国的化学试剂一般可分为四个等级,其规格和适用范围见表 1-2。

表 1-2 试剂规格和适用范围

等级	中文名称	英文名称	英文缩写	适用范围	标签标志
一级品	优级纯	guarante reagent	GR	精密分析实验	绿色
二级品	分析纯	analytical reagent	AR	一般分析实验	红色
三级品	化学纯	chemical pure	CP	一般化学实验	蓝色
四级品	实验试剂	laboratory reagent	LR	实验辅助试剂	棕色或其他色
	生物试剂	biological reagent	BR		黄色或其他色

此外,还有一些特殊用途的高纯试剂,如色谱纯试剂,表示其在仪器最高灵敏度(10^{-10} g)条件下进样分析无杂质峰出现;光谱纯试剂则以光谱分析时出现的干扰谱线的数目和强度大小来衡量,要注意的是光谱纯的试剂不一定是化学分析的基准试剂,基准试剂的纯度要相当于或高于优级纯试剂,主要用作滴定分析的基准物或直接配制标准溶液。

在分析工作中所选试剂的级别并非越高越好,而是要结合具体的实验情况,

根据分析对象的组成、含量,对分析结果的准确度的要求和分析方法的灵敏度、选择性,合理地选用相应级别的试剂。在通常情况下,分析实验中所用的一般溶液可选用 AR 级试剂并用蒸馏水或去离子水配制。在某些要求较高的工作(如痕量分析)中,若试剂选用 GR 级,则不宜使用普通蒸馏水或去离子水,而应选用二次重蒸水,所用器皿在使用过程中也不应有物质溶出。在特殊情况下,当市售试剂纯度不能满足要求时,可考虑自己动手精制。在满足实验要求的前提下,要注意节约的原则,就低不就高。

1.5.2　试剂的取用及保管

试剂在存放和使用过程中应注意保持清洁。瓶塞应倒放在实验台面上,不许任意放置,取用后应立即盖好,以防试剂被其他物质沾污或变质。固体试剂应用洁净干燥的小勺取用。多取的试剂不许倒回原瓶中。取用强碱性试剂后的小勺应立即洗净,以免腐蚀。

用吸管吸取试剂溶液时,决不能用未经洗净的同一吸管插入不同的试剂瓶中吸取试剂。所有盛装试剂的瓶上都应贴有明晰的标签,写明试剂的名称、规格及配制日期。千万不能在试剂瓶中装入不是标签上所写的试剂。没有标签标明名称和规格的试剂,在未查明前不能随便使用。书写标签最好用绘图墨汁,以免日久褪色。

试剂的保管在实验室中也是一项十分重要的工作。有的试剂因保管不好而变质失效,这不仅是一种浪费,而且还会使分析工作失败,甚至会引起事故。一般的化学试剂应保存在通风良好、干净、干燥的房子里,防止水分、灰尘和其他物质沾污。同时,根据试剂性质应有不同的保管方法。

(1)容易侵蚀玻璃而影响试剂纯度的,如氢氟酸、氟化物(氟化钾、氟化钠、氟化铵)、苛性碱(氢氧化钾、氢氧化钠)等,应保存在塑料瓶或涂有石蜡的玻璃瓶中。

(2)见光会逐渐分解的试剂如过氧化氢(双氧水)、硝酸银、焦性没食子酸、高锰酸钾、草酸、铋酸钠等,与空气接触易逐渐被氧化的试剂如氯化亚锡、硫酸亚铁、亚硫酸钠等,以及易挥发的试剂如溴、氨水及乙醇等,应放在棕色瓶内,置冷暗处。

(3)吸水性强的试剂,如无水碳酸盐、苛性钠、过氧化钠等应严格密封(蜡封)。

(4)相互易作用的试剂,如挥发性的酸与氨,氧化剂与还原剂,应分开存放。易燃的试剂如乙醇、乙醚、苯、丙酮与易爆炸的试剂如高氯酸、过氧化氢、硝基化合物,应分开贮存在阴凉通风、不受阳光直接照射的地方。最好使用带通风设施的试剂柜,并定时通风,以防止挥发出的溶剂蒸气聚集而发生危险。

(5)剧毒试剂如氰化钾、氰化钠、氢氟酸、二氯化汞、三氧化二砷(砒霜)等,应特别妥善保管,经一定手续取用,以免发生事故。

1.6 实验数据的处理和分析结果的表达

1.6.1 实验数据记录

科学地记录、处理所得实验数据,并以合理的形式报出定性定量分析的结果,是分析化学实验课程的重要任务之一。因此,学生应有专门编有页码的实验记录本,在任何情况下都不允许撕页。不允许将数据记在单页纸上,或随意记在无法长期保存的地方。文字记录应整齐清洁,数据记录尽量采用表格形式。对于实验过程中的各种测量数据及有关现象,应及时、准确、完整地记录下来,切忌带有主观因素,不能随意拼凑和伪造数据。对实验中出现的异常现象,更应及时、如实记录。在实验过程中,如果发现数据算错、测错或读错而需要改动,可在该数据上画一横线,并在其上方写上正确的数字。记录数据的有效位数应与所用仪器的最小读数相适应。实验结束后,应将实验数据仔细复核并上报指导教师后方可离开实验室。

要想取得准确的化学分析结果,不仅需要准确测量,还要正确记录与计算。正确记录是指记录数字的位数,它反映测量的准确程度。实际能测得的数字即有效数字,其保留位数的多少,根据操作者所用的分析方法和仪器的准确度来决定。例如,在分析天平上称取试样 0.1000 g,不仅表明试样的质量 0.1000 g,还表明称量的误差在 ± 0.0002 g 以内。如果只记录为 0.10 g,则其称量误差为 0.02 g,表明该试样是在只能感量 0.01 g 的天平上称量的。因此,记录数据的位数要与仪器的准确度相吻合,不能任意增加或减少。

在分析天平上,称得称量瓶+样品的质量为 9.5374 g,这个记录说明有 5 位有效数字,最后一位数字是估测的。因为分析天平只能称准到 0.0002 g,因此称量的实际质量应为 (9.5374 ± 0.0002) g。计量仪器不管做得如何精密,调试工作做得如何精细,读数的最后一位数总是估计出来的,因此有效数字就是保留末一位不准确数字,其余数字均为准确数字。

移液管、滴定管、吸量管等玻璃计量仪,都能准确测量溶液体积到 0.01 mL。所以用 25 mL 滴定管测量溶液体积时,如果溶液体积大于 10 mL 小于 25 mL,应记录四位有效数字,如记录为 20.55 mL;如果测定体积小于 10 mL,应记录三位有效数字,如记录为 5.55 mL。当用 25 mL 移液管移取溶液时,应记录为

25.00 mL;当用 5 mL 吸量管取溶液时,应记录为 5.00 mL;当用 250 mL 容量瓶配制溶液时,应记录为 250.00 mL。

总之,在分析化学实验中,测量结果所记录的数字应与所用仪器测量的准确度相适应。在常量分析中,一般保留四位有效数字。分析化学的计算中,加减法中保留有效数字是以小数点后位数最少的为准,乘除法中是以位数最少的数为准。

1.6.2 实验结果的数据处理

在实验中,最后处理实验数据时,一般都需要校正系统误差和剔除错误的测定结果后,计算出结果可能达到的准确范围。首先要把数据加以整理,剔除由于明显的原因而与其他测定结果相差很远的那些数据,对于一些精密度似乎不很高的可疑数据,则按照 Q 检验(或根据实验要求,按照其他规则)决定取舍,然后计算数据的平均值、偏差、平均偏差与标准偏差,最后按照要求的置信度求出平均值的置信区间。

(1)平均偏差:又称算术平均偏差,常用来表示一组测定结果的精密度,其表达式如下:

$$\overline{d} = \frac{\sum |x - \overline{x}|}{n}$$

式中,$\overline{d}$ 为平均偏差;x 为任何一次测定结果的数值;$\overline{x}$ 为 n 次测定结果的平均值。

相对平均偏差则是

$$\overline{d}_r = \frac{\overline{d}}{\overline{x}} \times 100\%$$

(2)标准偏差:当测定次数较多时,常使用标准偏差或相对标准偏差来表示一组平行测定值的精密度。单次测定的标准偏差的表达式是

$$s = \sqrt{\frac{\sum_{i=1}^{n}(x_i - \overline{x})^2}{n-1}}$$

相对标准偏差亦称变异系数,为

$$s_r = \frac{s}{\overline{x}} \times 100\%$$

标准偏差通过平方运算,它能将较大的偏差更显著地表现出来,因此,标准偏差能更好地反映测定值的精密度。实际工作中,都用相对标准偏差(RSD)表示分析结果的精密度。

1.6.3 实验数据处理的基本方法

实验数据的处理可用列表法、图解法及电子表格法。化学分析法常用列表法,其形式最为简洁。仪器分析法常用图解法。而电子表格法既有列表法的直观和简洁,又能方便快速地转换成所需形式的图,还可用于实验室信息的统一存储和管理。

1. 列表法

列表法在一般化学实验中应用最为普遍,特别是原始实验数据的记录,简明方便。其方法是:在表格的上方标明实验的名称,表的横向表头列出试验号,纵向表头列出数据的名称,通常按操作步骤的顺序排列。

2. 图解法

许多仪器分析法常用图形来表述实验结果,用图解法表示测量数据间的关系往往比用文字表述更简明和直观。它可以用于以下情况:

(1)用变量间的定量关系图求未知物含量,如外标法的标准曲线。

(2)通过曲线外推法求值,如将标准加入法的工作曲线外推求待测物的含量。

(3)求函数的极值或转折点,如利用可见-紫外吸收曲线找到最大吸收波长及求取摩尔吸收系数等。

(4)图解积分和微分,如色谱图上的峰面积等。

把实验数据绘成图形要注意以下问题:

(1)为使所绘图形尽量为线性,应根据变量间的关系合理选择绘图纸的类型,如直角坐标纸、对数坐标纸等。做线性图时,使直线斜率尽量接近1,有利于提高读图的精度。

(2)应用独立变量作横坐标。各坐标轴应标出其所代表的物理量数值、分度值和单位。坐标起点不一定是零。

(3)同一图不要绘制过多的线。

3. Excel 电子表格法

在计算机技术飞速发展的今天,利用已开发的计算机软件平台进行实验数据的处理已经是十分方便的事。利用电子表格既可以对所记录的数据进行快速、自动的处理。还可用计算结果绘出各种图形。下面介绍用 Excel 电子表格完成一元线性回归分析的方法。以分光光度法测定某微量组分的浓度为例,表1-3为测得的一系列不同浓度标准溶液的吸光度值,根据此结果可绘制用于某微量组分浓度测定的标准曲线。

表1-3 不同浓度标准溶液的吸光度值

浓度/($\mu g \cdot mL^{-1}$)	0	1.00	2.00	3.00	4.00	5.00
吸光度 A	0.001	0.160	0.282	0.380	0.450	0.581

(1)在 Excel 下建立数据表,将实验数据按列输入在 A1~B6 的区域内。

(2)拖动鼠标选中从 A1~B6 的区域,然后点击"插入图表"按钮,在出现对话框的"图表类型"中选择"XY 散点图",并在"子图表类型"中选择"散点图",按"下一步"。

(3)在下一个对话框中的"数据区域"中填上"A1:B6",并在"系列产生在"框中选"列",按"下一步"。

(4)在出现的对话框中可按自己意愿填入图的名称、X 轴、Y 轴的名称等,随后按"下一步"。

(5)在出现的对话框中按自己意愿选择后即可完成吸收曲线绘制的第一步。

(6)将鼠标移至图中任一数据点上,单击左键选中此列数据点,而后单击右键并选中"添加趋势线",在出现的对话框中的"类型"页选"线性",在"选项"页中选中"显示公式"和"显示 R 平方值",按"确定"便可完成整个绘图过程(所绘出的标准曲线如图1-2所示),回归方程及相关系数在图上给出。

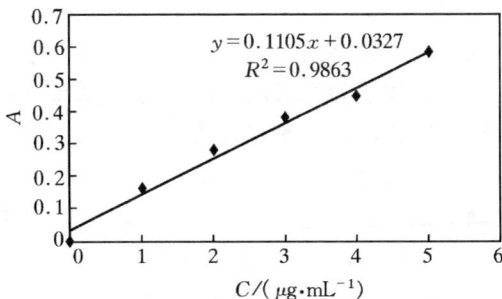

图中公式:$y = 0.1105x + 0.0327$,$R^2 = 0.9863$

图 1-2 采用 Excel 电子表格绘制的标准曲线图

1.6.4 分析结果的表示

分析结果的表示有点估计法和区间估计法。点估计法就是用一个平均值来估计待测组分的含量,同时必须说明测定估计值的相对标准偏差和有效测定次数。区间估计法必须指出估计待测组分含量的置信区间、置信度和有效测定次数。以何种组成形式表示实验结果要与实验要求相一致。如用重铬酸钾法测铁,测定结果如要求以 Fe_2O_3 的质量分数的形式报出时,就必须以该种形式给出,而不能以 FeO 质量分数的形式表示。必要时,给出实验结果计算公式。另外,对试样中某一组分含量的报告,要以原始试样中该组分的含量报出,不能仅给出供试溶液中该组分的含量。如果在测试前曾对样品进行过稀释,则最后结果应折算为未稀释前原试样中的含量。

仪器分析结果常用绘图法来处理,绘图法主要有标准曲线法、波谱曲线法和指纹图谱法。随着信息技术在分析化学中的广泛应用,现在越来越多地使用分析化学计量学方法来处理分析结果。

1.6.5　实验报告的书写

学生完成实验后,撰写实验报告是对实验结果进一步分析、归纳和提高的过程,也是培养严谨的科学态度、实事求是精神的重要措施。通过书写实验报告,能进一步消化所学的知识,培养分析问题的能力。因此,要重视实验报告的书写。

实验报告的内容应包括实验名称、实验日期、实验目的、原理、主要步骤、实验现象与原始数据、数据处理、结果分析及讨论等项目。实验报告的书写应做到字迹端正、简明扼要、清洁整齐,不能草率应付或抄袭编造,要如实反映实验的情况。一般格式要求如下:

实验名称。每篇实验报告都有名称,实验名称应该简洁、鲜明、准确。

一、实验目的。

二、实验原理。简要地用文字或化学反应式来说明。例如滴定分析,通常标定和滴定反应方程式,基准物质和指示剂的选择,标定和滴定的计算公式等。对于特殊仪器的实验装置,应画出该实验装置图。

三、主要仪器及试剂。列出实验中所使用的主要仪器和试剂。

四、实验步骤。简要地写出实验步骤流程。有时可画出用箭头表示的示意图,这样不仅可减少文字,而且看上去更加清晰明白。

五、实验数据及其处理。应用文字、表格、图形,将数据表示出来。根据实验要求及计算公式计算出分析结果并进行有关数据和误差处理,尽可能地使记录表格化。

六、问题讨论。对实验教材上的思考题和实验现象以及产生的误差进行讨论和分析,尽可能地结合分析化学中有关理论知识进行分析,提高自己的分析问题,解决问题的能力。

第 2 章　分析化学实验基本操作

2.1　滴定分析的基本操作

在滴定分析中,滴定管、容量瓶、移液管和吸量管是准确测量溶液体积的量器。量器可分为量出式量器和量入式量器。量出式量器(量器上标有 Ex)如滴定管、移液管、吸量管,用于测量从量器中放出液体的体积。量入式量器(量器上标有 In)如容量瓶等,用于测量量器中所容纳液体的体积。量器按准确度和流出时间分为 A 级、A_2 级和 B 级(量器上标有"A"、"A_2"、"B"字)。A 级的准确度比 B 级要高 1 倍。A_2 级的准确度界于 A、B 之间,但流出时间与 A 级相同。量器的级别标志,用"一等"、"二等"、"Ⅰ"、"Ⅱ"或"<1>"、"<2>"等表示,无上述字样符号的量器,则表示无级别的,如量筒、量杯等。另外快流式量器(如吸量管)标"快"字,吹式量器(如吸量管)标有"吹"字。

通常体积测量的相对误差比称量要大,体积测量不够准确(如相对误差>0.2%),其他操作步骤即使做得很正确也是徒劳的,因为在一般情况下分析结果的准确度是由误差最大的那项因素所决定。因此,必须准确测量溶液的体积以得到正确的分析结果。溶液体积测量的准确度不仅取决于所用量器是否准确,更重要的是使用量器的方法是否正确。下面介绍滴定分析中常用的测量溶液体积的量器及其基本操作。

2.1.1　滴定管及其使用

滴定管是滴定时用来准确测量流出的操作溶液体积的量器。它的主要部分管身用细长而且内径均匀的玻璃管制成,上面刻有均匀的分度线,下端的流液口为一尖嘴,中间通过玻璃旋塞或乳胶管连接以控制滴定速度。定量分析最常用的是容积为 50 mL 及 25 mL 的滴定管,其最小刻度是 0.1 mL,最小刻度间可估计到 0.01 mL,因此读数可达小数后第二位,一般读数误差为 ±0.02 mL。另外,还有容积为 10 mL、5 mL、2 mL 和 1 mL 的微量滴定管。滴定管一般分为两种:一种是具塞滴定管,常称酸式滴定管(图 2 - 1(a));另一种是无塞滴定管,常称碱式滴定管(图 2-1(b))。

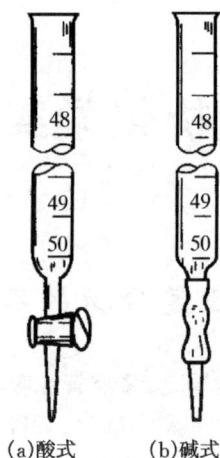

(a)酸式　　(b)碱式

图 2-1　滴定管

　　酸式滴定管用来装酸性及氧化性溶液,但不适于装碱性溶液,因为碱性溶液能腐蚀玻璃,使用时间一长,旋塞便不能转动。碱式滴定管的一端连接一橡皮管或乳胶管,管内装有玻璃珠,以控制溶液的流出,橡皮管或乳胶管下面接一尖嘴玻璃管。碱式滴定管用来装碱性及无氧化性溶液,凡是能与橡皮起反应的溶液,如高锰酸钾、碘和硝酸银等溶液,都不能装入碱式滴定管。滴定管除无色的外,还有棕色的,用以装见光易分解的溶液,如 $AgNO_3$、$KMnO_4$ 等溶液。

1. 滴定管的准备

　　酸式滴定管使用前应检查旋塞转动是否灵活,然后检查是否漏水。试漏的方法是先将旋塞关闭,在滴定管内充满水,将滴定管夹在滴定管架上,放置 2 min,观察管口及旋塞两端是否有水渗出;将旋塞转动 180°,再放置 2 min,看是否有水渗出。若前后两次均无水渗出,旋塞转动也灵活,即可使用。否则将旋塞取出,重新涂上凡士林(起密封和润滑作用)后再使用。

　　涂凡士林的操作方法如下:

　　(1)将滴定管中水倒掉,取下旋塞小头处的小橡皮圈,抽出旋塞。

　　(2)用滤纸将旋塞和旋塞套擦干,并注意勿使滴定管壁上的水再次进入旋塞套。

　　(3)用手指蘸少许凡士林在旋塞的两头均匀地涂上薄薄一层,在离旋塞孔的两旁少涂一些,如图 2-2 所示,以免凡士林堵住塞孔;或者分别在旋塞的一端和滴定管塞槽细的一端内壁均匀地涂一薄层凡士林。凡士林涂得太少,旋塞转动不灵活,且易漏水;涂得太多,旋塞孔易堵塞。不论采用哪种方法都不要将凡士林涂在旋塞孔上、下两侧,以免旋转时堵塞旋塞孔。

(4)涂凡士林后,将旋塞直接插入旋塞槽中,按紧。插时旋塞孔应与滴定管平行,此时旋塞不要转动,这样可以避免将凡士林挤到旋塞孔中。然后向同一方向转动旋塞,直至旋塞中油膜均匀透明。如发现转动不灵活或出现纹路,表示凡士林涂得不够;若有凡士林从旋塞缝内挤出或旋塞孔被堵,表示凡士林涂得太多。遇到这些情况,都必须把塞槽和旋塞擦干净后,重新涂凡士林。

(5)涂好凡士林后,应在旋塞末端套上一个橡皮圈(由乳胶管剪下一小段),以防脱落打碎。套橡皮圈时,要用手指抵住旋塞柄,防止其松动。

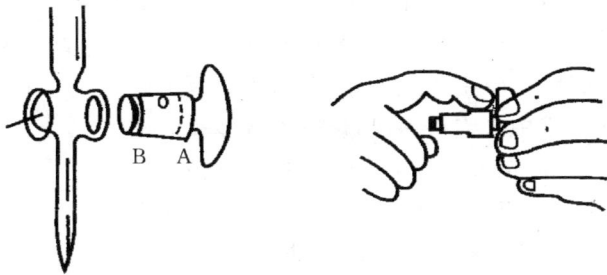

图 2-2 涂凡士林

若旋塞孔或出口尖嘴被凡士林堵塞,可将滴定管充满水并将旋塞部分浸入热水中,待油脂融化后转动旋塞使管内水突然流出,以排出凡士林。

再次检查有无渗漏,若有漏水应重新处理或更换滴定管。最后,滴定管用蒸馏水洗涤 3 次,每次 10 mL 左右。洗涤时,双手持滴定管管身两端无刻度处,边转动边倾斜滴定管,使水布满全管并轻轻振荡。然后直立,打开旋塞将水放掉,同时冲洗出口管。也可将大部分水从管口倒出,再将其余的水从出口管放出。每次放掉水时应尽量不使水残留在管内。最后,将管的外壁擦干,备用。

碱式滴定管在使用前应检查乳胶管和玻璃珠是否完好。若乳胶管已老化,玻璃珠过大(不易操作)或过小(漏水),应予更换。

滴定管在洗涤时,可根据沾污程度采用不同的清洗方法,如自来水冲洗、蘸合成洗涤剂刷洗、铬酸洗液洗涤等,如铬酸洗液洗涤时,可将滴定管内的水沥干,倒入 10 mL 洗液(碱式滴定管应卸下乳胶管,套上旧橡皮乳头,再倒入洗液),将滴定管逐渐向管口倾斜,用两手转动滴定管,使洗液布满全管,然后打开旋塞将洗液放回原瓶中。如果内壁沾污严重时,则需用洗液充满滴定管(包括旋塞下部尖嘴出口),浸泡 10 min 至数小时或用温热洗液浸泡 20~30 min。各种清洗后,都必须用自来水充分冲洗干净,再用纯水洗 3 次,每次用水约 10 mL。在用自来水冲洗或用蒸馏水清洗碱管时,应特别注意玻璃珠下方死角处的清洗。为此,在捏乳胶管时应不断改变方位,使玻璃珠的四周都洗到。

2. 标准溶液的装入

标准溶液在装入滴定管前,应在试剂瓶中摇匀,使凝结在瓶内壁上的水珠混入溶液,这在天气比较热、室温变化较大时尤为必要。为了避免装入后的标准溶液被稀释,应用此种标准溶液 5～10 mL 润洗滴定管 2～3 次。操作时两手平端滴管,慢慢转动使标准溶液流遍全管,并使溶液从滴定管下端流出,以去除管内残留水分。

标准溶液应直接倒入滴定管中,不得借用任何别的器皿(如烧杯、漏斗),以免标准溶液浓度改变或造成污染。装好标准溶液后,应注意检查滴定管尖嘴内有无气泡,否则在滴定过程中气泡将逸出,影响溶液体积的准确测量。对于酸式滴定管可迅速转动旋塞,使溶液快速冲出将气泡带走。对于碱式滴定管,右手拿住滴定管上端并使管身倾斜,左手捏挤乳胶管玻璃珠周围,并使尖端上翘,使溶液从尖嘴处喷出,即可排出气泡(图 2-3)。排除气泡后,装入标准溶液,使之在"0"刻度以上,再调节液面在 0.00 mL 处或稍下一点位置,0.5～1 min 后,记取初读数。

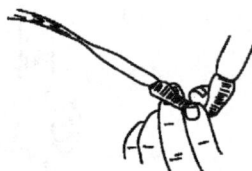

图 2-3　排出气泡

3. 滴定管的读数

滴定管的读数不准确,通常是滴定分析误差的主要来源之一。因此,读数时应遵循下列规则。

(1)装满溶液或放出溶液后,必须等 1～2 min 后,使附着在内壁的溶液流下来再进行读数。如果放出溶液的速度较慢(临近终点时),可只等 0.5～1 min 后读数。每次读数前要检查一下管壁是否挂水珠,管尖是否有气泡,管出口尖嘴处是否悬有液滴。

(2)读数时应将滴定管从滴定架上取下,用拇指和食指捏住管上端无刻度处,使滴定管保持垂直状态。在滴定管架上直接读数方法不宜采用,因该方法难以确保滴定管处于垂直状态。

(3)对于无色或浅色溶液,弯月面清晰,读数时,应读取视线与弯月面下缘实线最低点相切处的刻度(图 2-4)。对于有色溶液(如 $KMnO_4$、I_2 等)弯月面清晰度较差,读数时,应读取溶液液面两侧的最高点呈水平处的刻度。注意,初读数与终读数应采用同一读数方法。

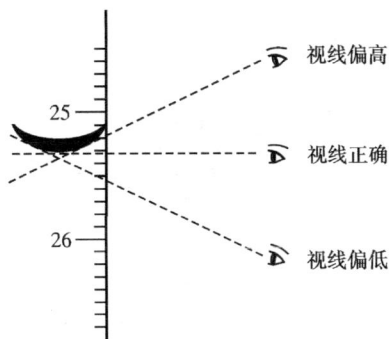

图 2-4 读数视线位置

（4）使用"蓝带"滴定管时，读数方法与上述不同，在这种滴定管中，滴定管上有两个弯月面尖端相交于滴定管蓝线上的某一点（图 2-5），此时，视线应与此点在同一水平上，读取该点处的刻度。

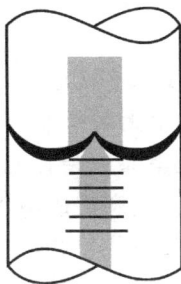

图 2-5 "蓝带"滴定管读数

（5）读数必须读到小数点后第二位，而且要求准确到 0.01 mL。即小数点后第二位，一定要估读。

（6）每次滴定前应将液面调节在 0.00 处或稍下一点的位置，这样可固定在某一段体积范围内滴定，以减少体积测量的误差。

（7）为了准确读数，可采用读数卡，这种方法有助于初学者练习读数。读数卡可用贴有黑纸或涂有墨的长方形（约 3 cm×1.5 cm）的白纸制成。读数时将读数卡放在滴定管背后，使黑色部分上缘在弯月面下的 1 mm 处，此时即可看到弯月面的反射层呈黑色，然后读与此黑色弯月面下缘相切的刻度，如图 2-6 所示。读数时应注意条件保持一致，或都使用读数卡，或都不使用读数卡。

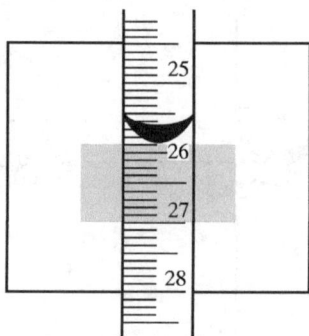

图 2-6　读数卡的使用

(8)读取初读数时,应将管尖嘴处悬挂的液滴除去,滴至终点时,应立即关闭旋塞,注意不要使滴定管中溶液流至管尖嘴处悬挂,否则终读数便包括悬挂的半滴液滴。因此,在读取终读数前,应注意检查出口管尖是否悬有溶液,如有,则此次读数不能取用。

4. 滴定管的操作

进行滴定时,应将滴定管垂直地夹在滴定管架上。

如使用的是酸式滴定管,左手无名指和小指向手心弯曲,轻轻地贴着出口管,用其余三指控制旋塞的转动(图 2-7)。为了防止推出旋塞造成漏水,左手心不要触及旋塞末端,也不要过分往里扣,以免造成旋塞转动困难,不能自如操作。

如使用的是碱式滴定管,左手无名指及小指夹住出口管,拇指与食指在玻璃珠所在部位往一旁(左右均可)捏乳胶管,使溶液从玻璃珠旁空隙处流出(图 2-8)。

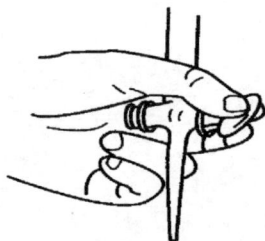

图 2-7　酸式滴定管的操作

注意:(1)不要用力捏玻璃珠,也不能使玻璃珠上下移动;

(2)不要捏到玻璃珠下部的乳胶管;

(3)停止加液时,应先松开拇指和食指,最后才松开无名指与小指。

无论使用哪种滴定管,都必须掌握下面三种加液方法:

(1)逐滴连续滴加;

图 2-8　碱式滴定管的操作

(2)只加一滴;

(3)使液滴悬而未落,即加半滴。

5. 滴定方法

滴定时,应将滴定管垂直地夹在管架上,滴定台应呈白色,否则应放一块白瓷板做背景,以便观察滴定过程溶液颜色变化。滴定最好在锥形瓶中进行,必要时也可以在烧杯中进行。

在锥形瓶中进行滴定时,用右手的拇指、食指和中指拿住锥形瓶,其余两指辅助在下侧,使瓶底离滴定台高2～3 cm,滴定管下端伸入瓶口内约1 cm。左手握住滴定管,边滴加溶液,边摇动锥形瓶,如图2-9所示。

图2-9　滴定操作

在烧杯中滴定时,将烧杯放在滴定台上,调节滴定管的高度,使其尖嘴伸入烧杯内约1～2 cm,并位于烧杯的左方,左手滴加溶液,右手持玻璃棒作圆周搅拌溶液,不要碰到烧杯壁和底部,如图2-10所示。

碘量法(滴定碘法)、溴酸钾法等需在碘量瓶中进行反应和滴定。碘量瓶是带有磨口玻璃塞和水槽的锥形瓶,瓶口与瓶塞之间有一圈水槽,槽中加纯水形成水封,可防止瓶中溶液反应生成的气体(I_2,Br_2等)逸出。反应完成后打开瓶塞,水即流下并冲洗瓶塞和瓶内壁,然后进行滴定。

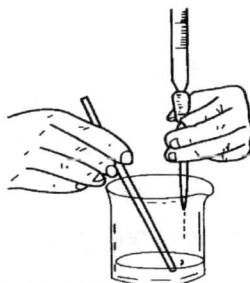

图2-10　烧杯中的滴定操作

滴定中应**注意**以下几点:

(1)摇瓶时,应使溶液向同一方向作圆周运动(左、右旋均可),但勿使瓶口接触滴定管,溶液也不得溅出。

(2)滴定时,左手不能离开旋塞任其自流。要注意观察液滴落点周围溶液颜色的变化。

(3)开始时,应边摇边滴,滴定速度可稍快,但不要使溶液流成"水线"。接近终点时,改为加一滴,摇几下。最后,每加半滴,即摇动锥形瓶,直至溶液出现明显的颜色变化。加半滴溶液的方法如下:微微转动旋塞,使溶液悬挂在出口管嘴上,形成半滴,用锥形瓶内壁将其沾落,再用洗瓶以少量蒸馏水吹洗瓶壁。用碱管滴加半滴溶液时,应先松开拇指与食指,将悬挂的半滴溶液沾在锥形瓶内壁上,再放开无名指与小指。这样可以避免出口管尖出现气泡。

(4)在烧杯中进行滴定时,当加半滴溶液时,用搅拌棒下端承接悬挂的半滴溶液,放入溶液中搅拌。注意,搅拌棒只能接触液滴,不要接触滴定管尖。

（5）滴定结束后,滴定管内剩余的溶液应弃去,不得将其倒回原瓶,以免沾污整瓶标准溶液。随即洗净滴定管,并用蒸馏水充满全管,备用。

2.1.2 容量瓶及其使用

容量瓶是常用的测量容纳液体体积的量入式量器。它是一种细颈梨形的平底玻璃瓶,带有磨口玻塞或塑料塞。在其颈上有一标线,在指定温度下,当溶液充满至弯月液面下缘与标线相切时,所容纳的溶液体积等于瓶上标示的体积。常用的容量瓶有 10 mL、25 mL、50 mL、100 mL、250 mL、500 mL、1000 mL 等规格。

容量瓶的主要用途是配制准确浓度的标准溶液或定量地稀释溶液,它常和移液管配合,可把配成溶液的物质分成若干等份。

1. 容量瓶的准备

使用容量瓶前应先检查是否漏水,标线位置离瓶口是否太近,漏水或标线太近则不宜使用。检漏时,加自来水至标线附近,盖好瓶塞,一手拿瓶颈标线以上部位,食指按住瓶塞,另一手指尖托住瓶底边缘。倒立 2 min,如不漏水,将瓶直立,转动瓶塞180°,再倒立 2 min,如不漏水,即可使用。用橡皮筋将瓶塞系在瓶颈上,因磨口塞与瓶是配套的,搞错后会引起漏水。容量瓶应洗涤干净,洗涤方法和洗滴定管相同。

2. 容量瓶的使用

如果用固体物质(基准试剂或被测试样)配制溶液时,先将准确称取的固体物质于小烧杯中溶解后,再将溶液定量转移到预先洗净的容量瓶中,转移溶液的方法如图 2-11 所示。一手拿着玻璃棒,并将它伸入瓶中,一手拿烧杯,让烧杯嘴贴紧玻璃棒,慢慢倾斜烧杯,使溶液沿着玻璃棒流下。倾完溶液后,将烧杯沿玻璃棒轻轻上提,同时将烧杯直立,使附在玻璃棒和烧杯嘴之间的液滴回到烧杯中。再用洗瓶以少量纯水洗烧杯 3～4 次,洗出液全部转入容量瓶(称为容量瓶的定量转移)。然后用纯水稀释至容积 2/3 处时,旋摇容量瓶使溶液混合,但此

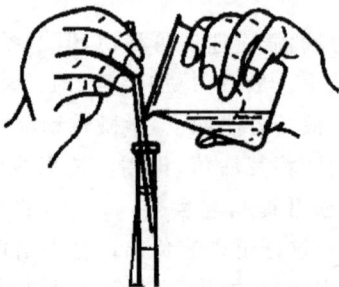

图 2-11 溶液转移入容量瓶的操作

时切勿倒转容量瓶。继续加水至标线以下约 1 cm,等待 1～2 min,使附在瓶颈内壁的溶液流下后,最后用滴管或洗瓶从标线以上 1 cm 以内的一点沿壁缓缓加水直至弯月面下缘与标线相切。盖上干的瓶塞,左手捏住瓶颈标线以上的部分,食指按住瓶塞,右手指尖托住瓶底边缘,将瓶倒转并摇动,再倒转过来,使气泡上升到顶。如此反复多次,使溶液充分混合均匀。如果用容量瓶稀释溶液,则用移液管吸取一定体积的溶液于容量瓶中,按上述方法加水稀释至标线,摇匀。

不宜在容量瓶内长期存放溶液。如溶液需使用较长时间,应将它转移入试剂瓶中,该试剂瓶应预先经过干燥或用少量该溶液润洗 2～3 次。

2.1.3 移液管和吸量管的使用

移液管是用于准确量取一定量体积溶液的量出式量器。它是一根细长而中间膨大的玻璃管,管颈上部有一环形标线,膨大部分标有它的容积和标定时的温度。将溶液吸入管内,使液面与标线相切,再让溶液按一定的方式自由流出,则流出溶液的体积就等于管上所标示的容积。常用的移液管有 5 mL、10 mL、20 mL、25 mL、50 mL 等规格,由于读数部分管径小,其准确性较高。

吸量管是用来移取所需不同体积的量器,是带有分度线的玻璃管。分度线有的刻到管尖,有的只刻到离管尖 1～2 cm 处。将溶液吸入,读取与液面相切的刻度(一般在零),然后将溶液放出至适当刻度,两刻度之差即为放出溶液的体积。

移液管在使用前应按下法洗到内壁不挂水珠:将移液管插入洗液中,用洗耳球将洗液慢慢吸至管容积 1/3 处,用食指按住管口,把管横过来淌洗,然后将洗液放回原瓶。如果内壁严重污染则应把移液管放入盛有洗液的大量筒或高型玻璃缸中,浸泡 15 min 到数小时,取出后用自来水及蒸馏水冲洗,用纸擦干外壁。

移取溶液前,先用少量该溶液将移液管内壁润洗,以保证被移取溶液与待移取溶液的浓度相同。润洗方法是:左手持洗耳球,右手拇指和中指拿住移液管标线以上的部分,无名指和小指辅助拿住移液管,将管尖伸入溶液中吸取。待吸取溶液至球部的 1/4 左右时,立即用右手食指按住管口(注意勿使溶液流回,以免稀释溶液),将其取出,慢慢横置,转动移液管使溶液布满管的内壁,并使溶液流至接近管的上口端处,将溶液从管下口放出,弃去。重复上述润洗操作 3 次。

吸取溶液时,将移液管插入待移取溶液液面下 1～2 cm 处。管尖插入不要太浅,防止液面下降后造成空吸;也不应插入太深,以免移液管外部附有过多的溶液。排除洗耳球空气后紧紧插入移液管上口内,慢慢放松洗耳球,管中的液面徐徐上升,并注意移液管管尖应随液面下降而下降。当液面上升至标线以上时,迅速移去洗耳球,同时立即用右手食指堵住管口。将移液管往上提起离开液面

（必要时用滤纸擦去管尖外壁的溶液），移液管垂直，左手改拿盛待移取液的容器并倾斜约30°，使移液管尖紧贴容器（不要接触溶液）内壁。右手食指微微松动，拇指及中指轻轻来回转动管身，使液面缓慢下降，直到平视时弯月面与标线相切，立即用食指按紧管口。左手改拿受液容器，并使之倾斜约45°，移液管垂直，使其管尖紧靠受器上部内壁，松开右手食指，使溶液自然顺壁流下，如图 2-12 所示。待液面下降至管尖静止后等待 15s，再移出移液管。此时，管尖部位仍有少量溶液，除非移液管身特别注有"吹"字，否则管尖部位留存的溶液不应吹入接收容器中，因为校准移液管时没有计入这部分溶液的体积。移液管用毕，应洗净，放在移液管架上。

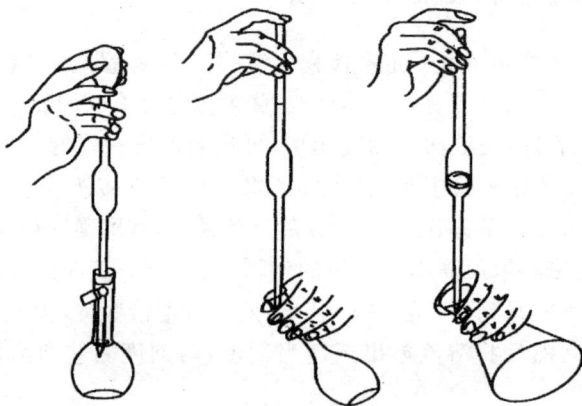

图 2-12　移液管的使用

2.2　重量分析的基本操作

重量分析法是分析化学中重要的经典分析方法，它的基本操作包括：沉淀、沉淀的过滤和洗涤、烘干和灼烧、灼烧后沉淀的称量，等等。每个步骤都应细心进行，以得到准确的分析结果。

2.2.1　沉淀

对处理好的试样溶液进行沉淀时，应根据沉淀的晶形或非晶形沉淀的性质，选择沉淀进行的条件，即沉淀时溶液的温度，试剂加入的次序、浓度、数量和速度，以及沉淀的时间等等。

沉淀剂如果可以一次加到溶液里去，则应在搅拌的情况下沿着烧杯壁倒入或是沿着搅棒加入，注意勿使溶液溅出。通常进行沉淀操作时是用滴管将沉淀剂逐滴加入试液中，边加边搅拌，以免沉淀剂局部过浓。搅拌时不要使搅棒敲打和刻划杯壁。若需在热溶液中进行沉淀，最好用水浴加热，勿使溶液沸腾，以免溶液溅出。进行沉淀所用的烧杯需配备搅棒和表皿。

2.2.2　沉淀的过滤和洗涤

首先应该根据沉淀在灼烧中是否会被纸灰还原以及称量物的性质，确定采用过滤坩埚还是滤纸来进行过滤。若采用滤纸，则根据沉淀的性质和多少选择滤纸的类型和大小，如对 $BaSO_4$、CaC_2O_4 等微粒晶形沉淀，应选用较小而紧密的滤纸；对如 $Fe_2O_3 \cdot H_2O$ 等蓬松的胶状沉淀，则需选用较大而疏松的滤纸。滤纸的大小要与漏斗的大小相适应，滤纸上缘应低于漏斗上缘 $0.5 \sim 1\,cm$，不能超出漏斗。

滤纸一般按四折法折叠。折叠滤纸前手应洗净擦干。折叠方法如图 2-13 所示，先对折，再对折成圆锥体（每次折时均不能手压中心，使中心有清晰折痕，否则中心可能会有小孔而发生穿漏，折时应用手指由近中心处向外两方压折），放入漏斗中，使滤纸与漏斗密合。如果滤纸与漏斗不十分密合，则稍稍改变滤纸的折叠角度，直到与漏斗密合为止。此时把三层厚滤纸的外层折角撕下一点，这样可以使该处内层滤纸更好地贴在漏斗上。撕下来的纸角保存在干燥的表皿上，供以后擦烧杯用。

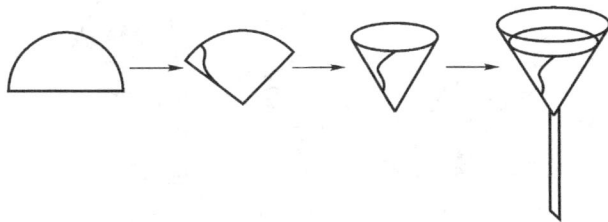

图 2-13　滤纸折叠法

滤纸放入漏斗后，用手按住滤纸三层的一边，由洗瓶吹出细水流以湿润滤纸，然后轻压滤纸边缘使滤纸锥体上部与漏斗之间没有空隙。按好后，在其中加水达到滤纸边缘，这时漏斗颈内应全部被水充满，形成水柱。若颈内不能形成水柱（主要是因为颈径太大），可以用手指堵住漏斗下口，稍稍掀起滤纸的一边，用洗瓶向滤纸和漏斗之间的空隙里加水，直到漏斗颈及锥体的一部分全被水充满，但必须把颈内的气泡完全排除。然后把纸边按紧，再放开手指，此时水柱即可形成。如果水柱仍不能保留，则滤纸与漏斗之间不密合。如果水柱虽然形成，但是其中有气泡,则纸边可能有微小空隙,可以再将纸边按紧。水柱准备好后,用纯水洗1~2次。

将准备好的漏斗放在漏斗架上,漏斗位置的高低,以漏斗颈末端不接触滤液为度。过滤时,放在漏斗下面用以承接滤液的烧杯应该是洁净的(即使滤液不要),因为万一滤纸破裂或沉淀漏进滤液里,滤液还可重新过滤。过滤时溶液最多加到滤纸边缘下5~6 mm的地方,如果液面过高,沉淀会因毛细作用而越过滤纸边缘。

过滤时漏斗的颈应贴着烧杯内壁,使滤液沿杯壁流下,不致溅出。过滤过程中应经常注意勿使滤液淹没或触及漏斗末端。

过滤一般采用倾注法(或称倾泻法),具体操作如图2-14所示。待沉淀下沉,一手拿搅棒,垂直地持于滤纸的三层部分上方(防止过滤时液流冲破滤纸),搅棒下端尽可能接近滤纸,但勿接触滤纸,另一手将盛着沉淀的烧杯拿起,使杯嘴贴着搅棒,慢慢将烧杯倾斜,尽量不搅起沉淀,将上层清液慢慢沿搅棒倒入漏斗中。停止倾注溶液时,将烧杯沿搅棒往上提,并逐渐扶正烧杯,保持搅棒位置不动。倾注完成后,将搅棒放回烧杯。用洗瓶将20~30 mL洗涤液沿杯壁吹至沉淀上,搅动沉淀,充分洗涤,待沉淀下沉后,再倾出上层清液。如此反复洗涤、过滤多次。洗涤的次数,视沉淀的性质而定,一般晶形沉淀洗2~3次,胶状沉淀需洗5~6次。

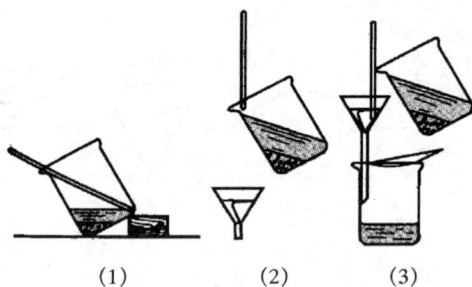

(1)　　　　　(2)　　　　　(3)

图2-14　倾泻法过滤

为了把沉淀转移到滤纸上,先于盛有沉淀的烧杯中加入少量洗涤液(加入洗液的量,应该是滤纸上一次能容纳的)并搅动,然后立即按上述方法将悬浮液转移到滤纸上(此时大部分沉淀可从烧杯中移出。这一步最易引起沉淀的损失,必须严格遵守操作中有关规定)。再自洗瓶中挤出洗涤液,把烧杯壁和搅棒上的沉淀冲下,再次搅起沉淀,按上述方法把沉淀转移到滤纸上。这样重复几次,一般可以将沉淀全部转移到漏斗中滤纸上。如果仍有少量沉淀很难转移,则可按图2-15所示的方法,把烧杯倾斜着拿在漏斗上方,烧杯嘴向着漏斗,用食指将搅棒架在烧杯口上,搅棒下端向着滤纸的三层部分,用洗瓶挤出的溶液,冲洗烧杯内壁,以刷出沉淀,转移到滤纸上。如还有少量沉淀粘着在烧杯壁上,则可用前面撕下的一小块洁净无灰滤纸将其擦下,放在漏斗内,搅棒上粘着的沉淀,亦应用前面撕下的滤纸角将它擦净,与沉淀合并。然后仔细检查烧杯内壁、搅棒、表皿是否彻底洗净,若有沉淀痕迹,要再行擦拭、转移,直到沉淀完全转移为止。

图 2-15　沉淀的转移

若过滤的沉淀不宜高温灼烧,或仅需烘干即可进行称量的沉淀,过滤洗涤操作应在玻璃砂芯坩埚或微孔玻璃漏斗中进行。沉淀的过滤、洗涤和转移方法基本同滤纸过滤,只是必须同时进行抽滤。

沉淀全部转移到滤纸上后,需在滤纸上洗涤沉淀,以除去沉淀表面吸附的杂质和残留的母液。洗涤的方法是自洗瓶中先挤出洗涤液,使其充满洗瓶的导出管,然后挤出洗涤液浇在滤纸的三层部分离边缘稍下的地方,再盘旋地自上而下洗涤,并借此将沉淀集中到滤纸圆锥体的下部(图 2-16),切勿使洗涤液突然冲在沉淀上。洗涤过程采用"少量多次的"原则,且下一次洗涤应在前一次洗涤液完全滤出后再进行。

图 2-16　沉淀在漏斗中的洗涤

沉淀洗涤至最后,用干净试管接取约 1 mL(注意不要使漏斗下端触及下面的滤液),选择灵敏而又迅速显示结果的定性反应来检验洗涤是否完成。

2.2.3 沉淀的烘干和灼烧

1. 坩埚的准备和干燥器的使用

将坩埚洗净、烘干,再用钴盐或铁盐溶液在坩埚及盖上写明编号,以示识别。然后于高温炉中,在灼烧沉淀时的温度条件下预先将空坩埚灼至恒重,灼烧时间 10~15 min。将灼烧后的坩埚自然冷却并将其夹入干燥器中,如图 2-17 所示。暂不要立即盖紧干燥器盖,留约 2 mm 缝隙,等热空气逸出后再盖严。移至天平室冷却 30~50 min 至室温后即可称量。然后再灼烧 10~15 min,冷却,称重,直到连续两次称得质量之差不超过 0.2 mg,即可认为坩埚恒重。

(a)开启方法　　　　　　　(b)移动方法

图 2-17　干燥器的开启和移动

2. 沉淀的包裹

对无定形沉淀,可用搅棒将滤纸四周边缘向内折,把圆锥体的敞口封上(见图 2-18)。再用搅棒将滤纸包轻轻转动,以便擦净漏斗内壁可能沾有的沉淀,然后将滤纸包取出,倒转过来,尖头向上,安放在坩埚中。对于晶形沉淀,用洁净

图 2-18　无定形沉淀的包裹

的药铲或顶端扁圆的玻璃棒,将滤纸三层部分掀起两处,再用洁净的手指从翘起的滤纸下面将其取出,打开成半圆形,自右端 1/3 半径处向左折叠一次,再自上而下折一次,然后从右向左卷成小卷(如图 2-19),最后将其放入已恒重的坩埚内,包裹层数较多的一面朝上,以便于炭化和灰化。

图 2-19　包裹晶形沉淀的方法

3. 沉淀的烘干、灼烧及称量

将装有沉淀的坩埚于低温电炉上加热,把埚盖半掩着倚于坩埚口,将滤纸和沉淀烘干至滤纸全部炭化(滤纸变黑),注意只能冒烟,不能冒明火,以免沉淀颗粒随火飞散而损失。炭化后可逐渐提高温度,使滤纸灰化。待滤纸全部呈白色后,移至高温炉中灼烧至恒重,然后进行称量。

沉淀在坩埚内灼烧的条件及恒重要求与使用空坩埚相同。

第 3 章　化学分析实验

实验 3.1　分析天平的称量练习

一、实验目的

(1)了解分析天平的构造,学会正确的称量方法。
(2)初步掌握差减法的称样方法。
(3)了解在称量中如何运用有效数字。

二、天平的使用

天平是实验室最重要的称量仪器,有普通托盘天平、阻尼电光分析天平、电子天平等多种类型。本实验介绍目前实验室中常用的电子天平。

1. 电子天平的称量原理

图 3-1 为 FA2104 型电子天平的外形。电子天平根据电磁力补偿工作原理制成,分为载荷接受和传递装置、测量和补偿控制装置两部分,其基本结构见图3-2。

天平称量时,称量盘的重力传递到线圈使其竖直位置发生变化,光电扫描装置将线圈负重后的平衡位置传递给位置传感-调节器,后者比较所得信号后,指示电流源发出等幅脉冲电流,使线圈产生垂直向上的力,直至其恢复到未负重时的平衡位置。所称物体质量越大,通过线圈的脉冲宽度就越大,平衡后由微处理器显示的读数也越大。由于在电子天平启动时有一自动校准过程,

图 3-1　电子天平外形

通过校准砝码 M 的赋值过程,消除了重力加速度的影响,使电子天平直接称出物体的质量而非重量。

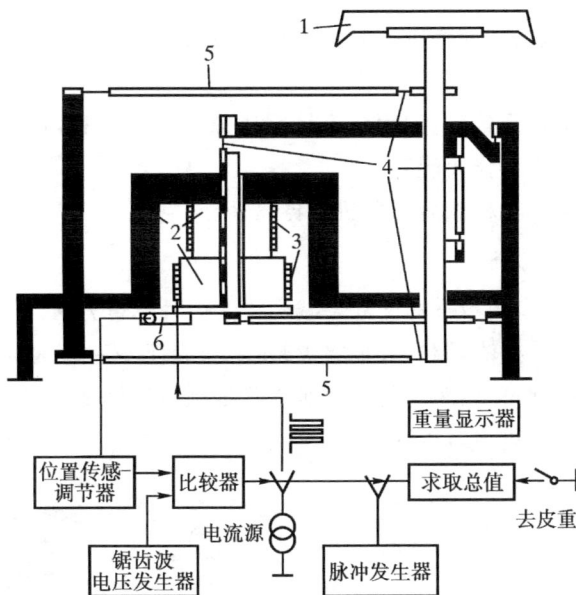

图 3 - 2　电子天平基本结构示意图

1. 称量盘；2. 磁铁；3. 线圈；4. 簧片；5. 导向杆；6. 光电扫描装置

新型电子天平的传感器改用单体传感器或超级单体传感器，以减少装配过程中螺丝的松紧及零部件膨胀系数不同而引入的误差。

电子天平的优点在于它在加入载荷后能迅速地平衡，并自动显示所称物体的质量，单次样品的称量时间大大缩短，独具的"去皮"功能使称量更为简便、快速。新型电子天平不仅可进行常规样品称量，还可进行许多电光天平无法完成的工作，如利用附加于天平上的加热装置直接进行含水量测定；可敏感而迅速地称量小型活体动物的体重；利用自带软件可进行小件计数称量，累计称量，配方称量；还可对称量结果进行统计处理和打印。新型天平还有自动保温系统、四级防震装置（可用于现场称量）、自动浮力校正等许多功能，以及红外感应式操作（如开门、去皮）等附加功能。

2. 电子天平的称量程序

在检查天平的水平、洁净等情况后打开电源，待稳定后只要将被称量物体放于天平盘中即可读得数据。要注意的是：

（1）由于电子天平的称量速度快，在同一实验室中将有多个同学共用一台天平。在一次实验中，电子天平一经开机、预热、校准后，即可一个个依次连续称量,前一位同学称量后不必关机,但称量后必须保持天平内部及称量盘的洁净。电子天平开机、预热、校准均由实验室工作人员负责,学生除"去皮"键外一般不需按其他按键。

(2)电子天平自重较轻,使用中容易因碰撞而发生位移,进而可能造成水平改变,故使用过程中动作要轻巧。

(3)最后一位同学称量后要关机后再离开。

3. 天平的称量方法

电子天平有固定质量称样法和差减称样法两种称量方法。

(1)固定重量称样法:调好天平零点,将称量盘上放一小表面皿或折成簸箕状的称量纸,准确称量,用药匙往表面皿或称量纸里逐渐加入试样(图3-3(a))至与所需质量相近(过多时可取出,但不能再放回试样瓶中),准确读数。

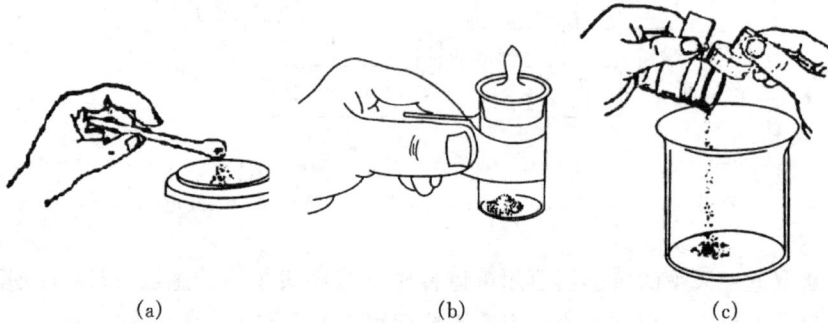

(a)   (b)   (c)

图3-3　天平称量方法

当需要用直接法配制指定浓度的标准溶液时可采用此法。该法适于称量不易吸湿且不与空气发生作用的、性质稳定的粉末状样品。

(2)差减法:用小纸条以图3-3(b)所示方法拿取称量瓶,放入天平中,称量,记下读数。以图3-3(c)所示方法,用称量瓶盖轻敲瓶口外缘,使试样缓缓加入接受容器中。至接近所需质量时,继续轻敲瓶口外缘(或内缘),同时逐渐竖直瓶身。再次称量,两次称量的差值即为所称样品的质量。

差减法称量时若倾出样品不够时可重复上述操作,而过量大多则只能弃去重称。同时,如称量过程中有试样落在接受容器外,也必须弃去重称。

分析化学实验常用此法进行称量。

用电子天平称量时,可在称出小表面皿或称量瓶重量后,按"去皮"键然后可直接读出所称样品的质量。只是固定重量称量读数为正值,而差减法读数为负值。

三、仪器和试剂

1. 仪器

FA2104 分析天平和砝码,台秤和砝码,25 mL 或 50 mL 小烧杯 2 只,称量瓶 1 只。

2. 试剂

因初次称量,宜采用不易吸潮的结晶状试剂或试样,如石英砂。

四、实验步骤

(1)准备两只洁净、干燥并编有号码的小烧杯,先在台秤上粗称其质量(准确到 0.1 g,如用电子天平则不必粗称),记在记录本上。然后进一步在分析天平上精确称量,准确到 0.1 mg。

(2)取 1 只装有试样的称量瓶,粗称其质量(如用电子天平则不必粗称),再在分析天平上精确称量,记下质量为 m_1。然后自天平中取出称量瓶,将试样慢慢倾入上面已称出质量的第 1 只小烧杯中。倾样时,由于初次称量缺乏经验,很难一次倾准,因此要试称,即第 1 次倾出少一些,粗称此量,根据此质量估计不足的量(为倾出量的几倍),继续倾出此量,然后再准确称量,设为 m_2,则 $m_1 - m_2$ 即为试样的质量。第 1 份试样称好后,再倾第 2 份试样于第 2 只烧杯中,称出称量瓶加剩余试样的质量,设为 m_3,则 $m_2 - m_3$ 即为第 2 份试样的质量。

(3)分别称出两个"小烧杯+试样"的质量,记为 m_4 和 m_5。

(4)结果的检验:①检查 $m_1 - m_2$ 是否等于第 1 只小烧杯中增加的质量。$m_2 - m_3$ 是否等于第 2 个小烧杯中增加的质量。如不相等,求出差值,要求称量的绝对差值小于 0.5 mg。②再检查倒入小烧杯中的两份试样的质量是否合乎要求(即在 0.2~0.4 g 之间)。③如不符合要求,分析原因并继续再称。

五、注意事项

(1)不管使用哪类天平(包括台秤)均不得将湿的容器(如烧杯、锥形瓶、容量瓶等)直接放入称量盘中称量。称量液体样品时必须在具塞容器中进行。

(2)如果不慎将样品洒落在天平内时应及时清除。可用天平刷刷净,必要时用干净的软布擦洗称量盘及天平内台面。

六、实验报告示例

实验1 分析天平的称量练习

实验日期： 年 月 日

(1)方法摘要：用差减法称取试样 2 份，每份 0.2～0.4 g。

(2)数据记录如表 3-1 所示。

表 3-1 分析天平称量练习数据记录表

记 录 项 目	I		II	
(称量瓶＋试样)的质量(倒出前)/g	m_1	17.6549	m_2	17.3338
(称量瓶＋试样)的质量(倒出后)/g	m_2	17.3338	m_3	16.9823
称出试样的质量/g		0.3211		0.3515
(烧杯＋称出试样)的质量/g	m_4	28.5730	m_5	27.7175
空烧杯质量/g		28.2516		27.3658
称出试样质量/g		0.3214		0.3517
绝对差值/g		0.0003		0.0002

(3)讨论

讨论的内容可以是实验中发现的问题，误差分析，经验教训，心得体会；也可以对教师或实验室提出意见和建议等。

七、思考题

1. 如何表示分析天平的灵敏度，一般分析实验室所用的电光天平的灵敏度以多少为宜，灵敏度太低或太高有什么不好？

2. 差减法称样是怎样进行的，增量法的称样是怎样进行的，它们各有什么优缺点？宜在何种情况下采用？

3. 电子天平的"去皮"称量是怎样进行的？

4. 在称量的记录和计算中，如何正确运用有效数字？

附 FA 系列电子天平操作规程

(1)天平工作环境应清洁，无尘，无强气流，温度变化较小。

(2)天平应置于稳定坚固的工作台上，工作电压 220±20 V，50 Hz 且周围无强磁场,无机械震源。

(3)天平接通电源后,应有预热时间,一般称量预热时间不少于 1 h,同时应调节天平处于水平状态(天平右下方有水平泡显示)。

(4)天平预热后应进行校准,校准应按规定的步序及相应质量要求的校准砝码(不同型号天平校准砝码质量不同)。

(5)天平一般称量时,不要改变功能键的参数,如需特殊功能操作,先要阅读相关功能键的使用说明及相关操作程序。

(6)天平校准完毕后归零,这时天平处于正常称量使用状态。

(7)天平称量过程中在看到显示屏左下角的"O"稳定提示符号消失后才可读取称量数据。

实验 3.2　滴定分析基本操作练习

一、实验目的

(1)掌握滴定分析基本操作。
(2)练习酸碱标准溶液的配制方法。
(3)初步掌握准确确定终点的方法以及指示剂的选择方法。

二、实验原理

浓盐酸易挥发,固体 NaOH 容易吸收空气中的水分和 CO_2,因此不能直接配制准确浓度的 HCl 和 NaOH 标准溶液,只能先配制近似浓度的溶液,然后用基准物质标定其准确浓度。也可用另一已知准确浓度的标准溶液滴定该溶液,再根据它们的体积比求得该溶液的浓度。

酸碱指示剂都具有一定的变色范围。$0.1 \ mol \cdot L^{-1}$ HCl 和 $0.1 \ mol \cdot L^{-1}$ NaOH 溶液的滴定,其突跃范围为 pH 9.7～4.3,应当选用在此范围内变色的指示剂,例如甲基橙(变色范围 pH 3.1～4.4)或酚酞(变色范围 pH 8.0～10.0)等。当浓度一定的 HCl 和 NaOH 相互滴定时,所消耗的体积比 V_{HCl}/V_{NaOH} 应是固定的。在使用同一指示剂的情况下,改变被滴溶液的体积,此体积比应基本不变,借此可训练学生的滴定基本操作技术和正确判断终点的能力。通过观察滴定剂落点处周围颜色改变的快慢判断终点是否临近。临近终点时,要能控制滴定剂一滴一滴地或半滴半滴地加入,至最后一滴或半滴引起溶液颜色的明显变化时立即停止滴定,即为滴定终点。要做到这些,必须反复练习。

三、试剂

浓盐酸,固体 NaOH,0.1%(质量分数)的甲基橙指示剂,酚酞指示剂(用 6:4乙醇-水溶液配制)。

四、实验步骤

1. 0.1 mol·L⁻¹ HCl 溶液的配制

通过计算求出配制 500 mL 0.1 mol·L⁻¹ HCl 溶液所需浓盐酸(相对密度 1.19,约 12 mol·L⁻¹)的体积。在通风橱内用洁净的小量筒量取此量的浓盐酸,倒入盛有少量蒸馏水的洁净烧杯中,转入 500 mL 试剂瓶,加水稀释至 500 mL左右,盖上玻璃塞,充分摇匀,贴上标签,并注明试剂名称,配制日期,使用者姓名,留一空位以备填入此溶液的准确浓度。注意在配制溶液后均须立即贴上标签,应养成此习惯。

2. 0.1 mol·L⁻¹ NaOH 溶液的配制

通过计算求出配制 500 mL 0.1 mol·L⁻¹ NaOH 溶液所需的固体 NaOH 的量,在台秤上迅速称出 NaOH 所需量于一洁净的小烧杯中,加纯水 50 mL,使其全部溶解后,转入 500 mL 试剂瓶中,用少量蒸馏水冲洗小烧杯数次,将冲洗液一并转入试剂瓶中,再加水至总体积约 500 mL 左右,盖上橡皮塞,充分摇匀,贴上标签。

3. NaOH 溶液与 HCl 溶液的浓度比较

按照"滴定管及其使用"中介绍的方法洗净酸碱滴定管各一支(检查是否漏水)。先用纯水将滴定管内壁冲洗 2~3 次。然后用配制好的盐酸标准溶液将酸式滴定管润洗 2~3 次,再于管内装满该酸溶液;用 NaOH 标准溶液将碱式滴定管润洗 2~3 次,再于管内装满该碱溶液。然后排出两滴定管管尖空气泡。(为什么要排出空气泡?如何排出?)

分别将两滴定管液面调节至 0.00 刻度,或零点稍下处,(为什么?),静止 1 min后,精确读取滴定管内液面位置(能读到小数点后几位?)并立即将读数记录在实验报告本上。

取锥形瓶(250 mL)一只,洗净后放在碱式滴定管下,以每分钟约 10 mL 的速度放出约 20 mL NaOH 溶液于锥形瓶中,加入一滴甲基橙指示剂,用 HCl 溶液滴定至溶液由黄色变橙色为止,读取并记录 NaOH 溶液及 HCl 溶液的精确体积。分别向两滴定管中加入酸、碱溶液并调节液面至零刻度附近,重复以上操作,反复滴定几次,记下读数,分别求出体积比 V_{NaOH}/V_{HCl},直至 3 次测定结果的相对平均偏差在 0.1% 之内,取其平均值。

以酚酞为指示剂,用 NaOH 溶液滴定 HCl 溶液,终点由无色变微红色,其他同上。

五、数据记录与处理

(1)以甲基橙为指示剂,数据记录如表 3-2 所示。

表 3-2　滴定分析数据记录表格示例

测定次数　　　项目	1	2	3
NaOH 终读数/mL			
NaOH 初读数/mL			
V_{NaOH}/mL			
HCl 终读数/mL			
HCl 初读数/mL			
V_{HCl}			
V_{NaOH}/V_{HCl}			
$\overline{V}_{NaOH}/\overline{V}_{HCl}$			
个别测定的绝对偏差			
相对平均偏差			

(2)以酚酞为指示剂(格式同上)。

六、注意事项

(1)滴定时不能呈线状,而应呈滴状。

(2)正确使用酸式、碱式滴定管,如检查是否漏滴,气泡的排除,近终点时如何控制一滴、半滴的操作。

(3)滴定终点时必须用洗瓶吹洗锥形瓶一圈,且半分钟不褪色。

(4)滴定管读数必须保留小数点后两位,必须遵守有效数字取舍原则进行估读。

(5)消耗的溶液体积数据之间(平行三个数据)的差值不能大于 0.04 mL。

七、思考题

1. 用滴定管装标准溶液之前,为什么要用标准溶液润洗 2～3 次,所用的锥形瓶是否也需用标准溶液润洗?为什么?

2. HCl 和 NaOH 标准溶液能否用直接配制法配制,为什么?

3. 配制 NaOH 溶液时,应选用何种天平称取试剂,为什么?

4. 滴定至临近终点时加入半滴的操作是怎样进行的?

实验 3.3　酸碱标准溶液浓度的标定

一、实验目的

(1)学会用基准物质标定酸碱溶液浓度的方法。
(2)进一步练习滴定操作。

二、实验原理

标定酸溶液和碱溶液所用的基准物质有多种,本实验中各介绍一种常用的基准物质。

用基准物邻苯二甲酸氢钾($KHC_8H_4O_4$)标定 NaOH 标准溶液的浓度。邻苯二甲酸氢钾用作基准物的优点是:易于获得纯品;易于干燥,不吸湿;摩尔质量大,可相对降低称量误差。邻苯二甲酸氢钾的结构式为

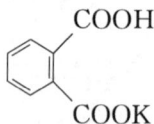

其中只有一个可电离的 H^+ 离子。标定时的反应式为:

$$KNaC_8H_4O_4 + H_2O = KHC_8H_4O_4 + NaOH$$

反应产物为二元弱碱,在水溶液显微碱性,可以酚酞为指示剂。

用无水 Na_2CO_3 为基准物标定 HCl 标准溶液的浓度。由于 Na_2CO_3 易吸收空气中的水分,因此采用市售基准试剂级的 Na_2CO_3 时应预先于 180℃下使之

充分干燥,并保存于干燥器中,标定时常以甲基橙为指示剂。

NaOH 标准溶液与 HCl 标准溶液的浓度,一般只需标定其中一种,另一种则通过 NaOH 溶液与 HCl 溶液滴定的体积比算出。标定 NaOH 溶液还是标定 HCl 溶液,要视采用何种标准溶液测定何种试样而定。原则上,应标定测定时所用的标准溶液,标定时的条件与测定时的条件(例如指示剂和被测成分等)应尽可能一致。

三、试剂

0.1 mol·L^{-1} HCl 标准溶液,0.1 mol·L^{-1} NaOH 标准溶液,邻苯二甲酸氢钾(AR),无水碳酸钠(AR),甲基橙指示剂,酚酞指示剂。

四、实验步骤

以下标定实验,只选做其中一个。

1. NaOH 标准溶液浓度的标定

在分析天平上准确称取 3 份已在 105～110℃烘过 1 h 以上的分析纯的邻苯二甲酸氢钾,每份 0.4～0.5 g(取此量的依据是什么?),放入 250 mL 锥形瓶中,用 20 mL 左右煮沸后刚刚冷却的水使之溶解(如没有完全溶解,可稍微加热)。冷却后加入 2 滴酚酞指示剂,用 NaOH 标准溶液滴定至呈微红色半分钟内不褪,即为终点。3 份测定的相对平均偏差应小于 0.2%,否则应重复测定。

2. HCl 标准溶液浓度的标定

准确称取已烘干的无水碳酸钠 3 份(其质量按消耗 20～25 mL 0.1 mol·L^{-1} HCl 溶液计,请自己计算),置于 3 只 250 mL 锥形瓶中,加水约 25 mL,温热,摇动使之溶解,以甲基橙为指示剂,以 0.1 mol·L^{-1} HCl 标准溶液滴定至溶液由黄色转变为橙色。记下 HCl 标准溶液的耗用量,计算出 HCl 标准溶液的浓度,并计算出 3 次测定的平均值。

五、数据记录与处理

(1)NaOH 溶液的标定,数据记录如表 3-3 所示。

表 3 - 3　标定 NaOH 溶液数据记录表

测定次数　　项目	1	2	3
(称量瓶+$KHC_8H_4O_4$)的质量(前)/g			
(称量瓶+$KHC_8H_4O_4$)的质量(后)/g			
$KHC_8H_4O_4$ 的质量/g			
NaOH 体积终读数/mL			
NaOH 体积初读数/mL			
V_{NaOH}			
c_{NaOH}			
$\bar{c}_{NaOH}$			
个别测定的绝对偏差			
相对平均偏差			

计算公式：

$$c_1 = \frac{m_1}{V_{NaOH(1)} \times 0.2042} =$$

$$c_2 = \frac{m_2}{V_{NaOH(2)} \times 0.2042} =$$

$$c_3 = \frac{m_3}{V_{NaOH(3)} \times 0.2042} =$$

式中 m 为重铬酸钾的质量。

(2)HCl 标准溶液的浓度

$$c_{HCl} = \bar{c}_{NaOH} \times \frac{V_{NaOH}}{V_{HCl}}$$

六、思考题

1. 用于标定的锥形瓶,其内壁是否要预先干燥,为什么?

2. 用邻苯二甲酸氢钾为基准物标定 $0.1\ mol \cdot L^{-1}$ NaOH 溶液时,基准物称取量如何计算?

3. 用邻苯二甲酸氢钾标定 NaOH 溶液时,为什么用酚酞作指示剂,而用 Na_2CO_3 为基准物标定 HCl 溶液时,却不用酚酞作指示剂?

4. 如果基准物未烘干,将使标准溶液浓度的标定结果偏高还是偏低?

5. 标定 NaOH 溶液,可用 $KHC_8H_4O_4$ 为基准物,也可用 HCl 标准溶液作比较。试比较此两法的优缺点。

实验 3.4　工业纯碱总碱度的测定

一、实验目的

(1)掌握工业纯碱总碱度测定的原理和方法。
(2)熟悉酸碱滴定法选用指示剂的原则。
(3)学习用容量瓶把固体试样制备成试液的方法。

二、实验原理

工业纯碱为不纯的碳酸钠,商品名为苏打,由于制备方法的不同,其中所含的杂质也不同。如从氨法制成的碳酸钠就可能含有 NaCl、Na_2SO_4、NaOH、$NaHCO_3$ 等,用酸滴定到甲基橙变色时,除其中主要成分 Na_2CO_3 被中和外,其他碱性杂质如 NaOH、$NaHCO_3$ 等也都被中和。因此该测定的结果是碱的总量,通常以 Na_2O 的质量分数来表示。由于试样均匀性较差,应称取较多试样,使其具有代表性。测定的允许误差可适当放宽。

总碱度计算式为

$$w_{Na_2O} = \frac{V_{HCl}c_{HCl}M_{Na_2O} \times 10}{2m} \times 100\% \qquad (1)$$

用 HCl 溶液滴定 Na_2CO_3 时,其反应包括以下两步:

$$Na_2CO_3 + HCl == NaHCO_3 + NaCl$$

$$NaHCO_3 + HCl == NaCl + H_2CO_3$$

$0.05\ mol \cdot L^{-1}$ 碳酸钠(或碳酸钾)溶液的 pH 为 11.6;当中和成 $NaHCO_3$ 时,pH 为 8.3;当全部中和后,pH 为 3.7。由于滴定的第一化学计量点(pH 8.3)的突跃范围比较小,终点不敏锐。因此采用第二化学计量点,以甲基橙为指示剂,溶液由黄色到橙色时即为终点。

三、试剂

甲基橙指示剂,$0.1\ mol \cdot L^{-1}$ HCl 标准溶液,无水碳酸钠(基准物),工业纯碱。

四、实验步骤

(1)HCl 标准溶液的标定(参考实验 3.3)。

(2)准确称取碱灰试样约 1.0～1.3 g(应称准至小数点后第几位?),置于烧杯中,加水少许使其溶解(必要时可稍加热促使溶解)。溶解后,(若加热后需冷却至室温),将溶液移入 250 mL 容量瓶中,并以洗瓶吹洗烧杯的内壁和搅棒数次,每次的洗涤液应全部注入容量瓶中。最后用水稀释到刻度,摇匀。

用移液管吸取 25.00 mL 上述试液,置于 250 mL 锥形瓶中,加甲基橙指示剂 1～2 滴,用 HCl 标准溶液滴定至溶液呈橙色为终点。平行滴定 3 份。

五、数据记录与计算

列表格记录数据并按(1)计算总碱度。

六、思考题

1. 工业纯碱的主要成分是什么?还含有哪些主要杂质?为什么说用 HCl 溶液滴定碱灰的测定是"总碱度"的测定?

2. "总碱度"的测定应选用何种指示剂?终点如何控制?为什么?

3. 此处称取工业纯碱试样要求称准至小数点后第几位?为什么?

4. 本实验中为什么要把试样溶解成 250 mL 后再吸出 25 mL 进行滴定?为什么不直接称取 0.10～0.13 g 试样进行滴定?

实验 3.5　铵盐中氮含量的测定(甲醛法)

一、实验目的

(1)了解酸碱滴定法的应用,掌握甲醛法测定铵盐中氮含量的方法。

(2)熟练掌握滴定操作和酸碱指示剂的选择原理。

(3)掌握定量转移操作的基本要点。

二、实验原理

硫酸铵是常用的氮肥之一,是强酸弱碱盐,可用酸碱滴定法测定其含氮量。但由于 NH_4^+ 的酸性太弱($Ka=5.6×10^{-10}$),不能直接用 NaOH 标准溶液准确滴定,生产和实验室中广泛采用甲醛法进行测定。将甲醛与一定量的铵盐作用,生成相当量的酸(H^+)和质子化的六亚甲基四胺盐(Ka $=7.1\times10^{-6}$),反应如下:

$$4NH_4^+ + 6HCHO =\!\!=\!\!= (CH_2)_6N_4H^+ + 3H^+ + 6H_2O$$

生成的 H^+ 和质子化的六亚甲基四胺盐,均可被 NaOH 标准溶液准确滴定。化学计量点时,溶液呈弱碱性,可选用酚酞作指示剂。终点:无色到微红色(30s 内不褪色)。

由上述反应可知,4 mol·L^{-1} NH_4^+ 离子与甲醛作用,生成 3 mol H^+(强酸)和 1 mol$(CH_2)_6N_4H^+$ 离子,即 1 mol NH_4^+ 相当于 1 mol 酸。若 NH_4^+ 的含量以氮来表示,则测定结果可按下式计算:

$$w_N = \frac{c_{NaOH} \times V_{NaOH} \times M_N}{m} \times 100\%$$

式中 m 为每份被滴定试样的质量。

甲醛法准确度较差,但比较快速,故在生产上应用较多。试样如含 Fe^{3+} 离子,影响终点观察,可改用蒸馏法。

本法也可用于测定有机物中的氮,但须先将它转化为铵盐,然后再进行测定。

三、试剂

0.1 mol·L^{-1} NaOH 标准溶液,酚酞指示剂,40％甲醛溶液。

四、实验步骤

1. 甲醛溶液的处理

甲醛中常含有微量的酸,应事先用 NaOH 进行中和。方法如下:取原装甲醛(40％)的上层清液于烧杯中,用水稀释一倍,加入 2～3 滴 0.2％的酚酞指示剂,用 0.1 mol·L^{-1} 的 NaOH 溶液中和至甲醛溶液呈微红色。

2. 试样中含氮量的测定

准确称取 1.6～2.4 g 的铵盐试样于小烧杯中,用适量蒸馏水溶解,然后定量转移至 250 mL 容量瓶中,用蒸馏水稀释至刻度,摇匀。用移液管移取试液 25 mL 于锥形瓶中,加入 5 mL 处理过的甲醛溶液,再加入 1～2 滴酚酞指示剂,充分摇匀,静置 1 min 后,用 0.1 mol·L^{-1} NaOH 标准溶液滴定至溶液呈粉红色,并持续 30s 不褪,即为终点。记录滴定所消耗的 NaOH 标准溶液的体积,平行做 3 次。根据 NaOH 标准溶液的浓度和滴定消耗的体积,计算试样中氮的含量和测定结果的相对偏差。

五、注意事项

(1)若甲醛中含有游离酸(甲醛受空气氧化所致,应除去,否则产生正误差),应事先以酚酞为指示剂,用 NaOH 溶液中和至微红色(pH≈8)。

(2)若试样中含有游离酸(应除去,否则产生正误差),应事先以甲基红为指示剂,用 NaOH 溶液中和至黄色(试问:pH≈6 能否用酚酞指示剂?)。

六、思考题

1. 铵盐中氮的测定为什么不采用 NaOH 直接滴定法?
2. 本法中加入甲醛的作用是什么?
3. NH_4NO_3、NH_4Cl 或 NH_4HCO_3 中的含氮量能否用甲醛法测定?

实验 3.6　EDTA 标准溶液的配制和标定

一、实验目的

(1)掌握 EDTA 标准溶液的配制和标定方法。
(2)掌握配位滴定的原理,了解配位滴定的特点。
(3)熟悉金属指示剂变色原理及终点的判断。

二、实验原理

乙二胺四乙酸(简称 EDTA,常用 H_4Y 表示)是最常用的氨羧络合滴定剂,它难溶于水,常温下其溶解度为 $0.2\ g \cdot L^{-1}$(约 $0.0007\ mol \cdot L^{-1}$),在分析中通常使用其二钠盐配制标准溶液。乙二胺四乙酸二钠盐的溶解度为 $120\ g \cdot L^{-1}$,可配成 $0.3\ mol \cdot L^{-1}$ 以上的溶液,其水溶液的 pH≈4.8。EDTA 常因吸附约 0.3% 的水分和其中含有少量杂质,故通常采用间接法配制标准溶液。

标定 EDTA 溶液常用的基准物较多,有含量不低于 99.95% 的某些纯金属,如 Cu、Zn、Bi 等,也可采用金属氧化物或某些盐类作为基准物质,如 ZnO、$CaCO_3$、$ZnSO_4 \cdot 7H_2O$ 等。通常选用其中与被测物组分相同的物质作基准物,这样,滴定条件比较一致,可减小误差。

EDTA 溶液若用于测定石灰石或白云石中 CaO、MgO 的含量,则宜用 $CaCO_3$

为基准物,首先可加 HCl 溶液溶解 $CaCO_3$,然后把溶液转移到容量瓶中并稀释,制成钙标准溶液。吸取一定量钙标准溶液,调节酸度至 pH≥12,用钙指示剂,以 EDTA 溶液滴定至溶液由酒红色变纯蓝色,即为终点。其变色原理如下:

钙指示剂(常以 H_3Ind 表示)在水溶液中按下式解离:

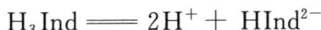
$$H_3Ind \rightleftharpoons 2H^+ + HInd^{2-}$$

在 pH≥12 的溶液中,$HInd^{2-}$ 离子与 Ca^{2+} 离子形成比较稳定的配离子,其反应如下:

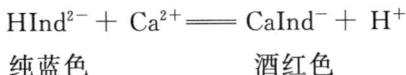
$$HInd^{2-} + Ca^{2+} \rightleftharpoons CaInd^- + H^+$$

纯蓝色　　　　　　酒红色

所以在钙标准溶液中加入钙指示剂时,溶液呈酒红色。当用 EDTA 溶液滴定时,由于 EDTA 能与 Ca^{2+} 离子形成比 $CaInd^-$ 配离子更稳定的配离子,因此在滴定终点附近,$CaInd^-$ 配离子不断转化为较稳定的 CaY^{2-} 配离子,而钙指示剂则被游离了出来。

用此法测定钙时,若有 Mg^{2+} 离子共存(在调节溶液酸度为 pH≥12 时,Mg^{2+} 离子将形成 $Mg(OH)_2$ 沉淀),则 Mg^{2+} 离子不仅不干扰钙的测定,而且使终点比 Ca^{2+} 离子单独存在时更敏锐。当 Ca^{2+}、Mg^{2+} 离子共存时,终点由酒红色到纯蓝色;当 Ca^{2+} 离子单独存在时则由酒红色到紫蓝色。所以测定单独存在的 Ca^{2+} 离子时,常常加入少量 Mg^{2+} 离子。

EDTA 溶液若用于测定 Pb^{2+}、Bi^{3+} 离子,则宜以 ZnO 或金属锌为基准物,以二甲酚橙为指示剂。在 pH≈5~6 的溶液中,二甲酚橙指示剂本身显黄色,与 Zn^{2+} 离子的配合物呈紫红色。EDTA 与 Zn^{2+} 离子形成更稳定的配合物,因此用 EDTA 溶液滴定至近终点时,二甲酚橙被游离了出来,溶液由紫红色变为黄色。

EDTA 与金属离子的络合物稳定性受酸度影响较大,即存在酸效应。且 EDTA 与金属离子具有广泛的络合性,大多数金属离子都能与 EDTA 形成稳定的螯合物,因此金属离子之间容易互相干扰,即存在选择性问题。另外,络合滴定中所使用的金属指示剂也是一种有机络合剂,存在酸效应,在使用中还存在着封闭、僵化等现象,因此,选择控制滴定条件在络合滴定实验中非常重要。

三、试剂

1. 以 $CaCO_3$ 为基准物时所用试剂

(1)乙二胺四乙酸二钠(固体,AR);

(2)$CaCO_3$(固体,GR 或 AR);

(3)1:1 NH$_3$·H$_2$O；

(4)镁溶液(溶解 1 g MgSO$_4$·7H$_2$O 于水中,稀释至 200 mL)；

(5)100 g·L^{-1} NaOH 溶液；

(6)钙指示剂(固体指示剂)。

2. 以 ZnO 为基准物时所用试剂

(1)ZnO(GR 或 AR)；

(2)1:1 HCl；

(3)1:1 NH$_3$·H$_2$O；

(4)二甲酚橙指示剂；

(5)200 g·L^{-1}六亚甲基四胺溶液。

四、实验步骤

1. 0.02 mol·L^{-1} EDTA 溶液的配制

在台秤上称取乙二胺四乙酸二钠 3.8 g,溶解于 300～400 mL 温水中,稀释至 500 mL,如呈混浊态,则应过滤。转移至硬质玻璃试剂瓶或聚乙烯瓶中,摇匀。

2. 以 CaCO$_3$ 为基准物标定 EDTA 溶液

(1)0.02 mol·L^{-1}标准钙溶液的配制:置碳酸钙基准物于称量瓶中,在 110℃干燥 2 h,置干燥器中冷却后,准确称取 0.4～0.5 g(称准至小数点后第四位,为什么?)于小烧杯中,盖以表面皿,加水润湿,再从杯嘴边逐滴加入(防止反应过于激烈而产生 CO$_2$ 气泡,使 CaCO$_3$ 粉末飞溅损失)数毫升 1:1 HCl 至完全溶解,用水把可能溅到表面皿上的溶液淋洗入杯中,加热近沸以除去 CO$_2$,待冷却后移入 250 mL 容量瓶中,稀释至刻度,摇匀。

(2)标定:用移液管移取 25 mL 标准钙溶液,置于锥形瓶中,加入约 25 mL 水、2 mL 镁溶液、5 mL 100 g·L^{-1} NaOH 溶液及约 10 mg(绿豆大小)钙指示剂,摇匀后,用 EDTA 溶液滴定至由红色变至蓝色,即为终点。

3. 以 ZnO 为基准物标定 EDTA 溶液

(1)锌标准溶液的配制:准确称取在 800～1 000℃灼烧过(需 20 min 以上)的基准物 ZnO 0.4～0.5 g 于 100 mL 烧杯中,用少量水润湿,然后逐滴加入1:1 HCl,边加边搅至完全溶解为止。然后,将溶液定量转移入 250 mL 容量瓶中,稀释至刻度并摇匀。

(2)标定:移取 25 mL 锌标准溶液于 250 mL 锥形瓶中,加约 30 mL 水,2～3 滴二甲酚橙指示剂,先加 1:1氨水至溶液由黄色刚变橙色(不能多加),然后滴加

$200\ \mathrm{g\cdot L^{-1}}$ 六亚甲基四胺至溶液呈稳定的紫红色后再多加 3 mL(先加入氨水调节酸度是为了节约六亚甲基四胺,因六亚甲基四胺的价格较昂贵),用 EDTA 溶液滴定至溶液由红紫色变亮黄色,即为终点。

五、数据记录及计算

根据实验内容自列表格。

六、注意事项

(1)当配制 EDTA 的浓度较大时,即使加热,EDTA 的溶解速度也很慢。此时可加入少量 NaOH,调节溶液的 pH 值稍大于 5,可加速其溶解。

(2)配位反应进行的速度较慢(不像酸碱反应能在瞬间完成),故滴定时加入 EDTA 溶液的速度不能太快,在室温低时,尤要注意。在接近终点时,EDTA 溶液应慢慢加入,加 1 滴充分摇匀后再继续滴定。当怀疑终点已经到达时,可先读数,再加半滴,观察溶液颜色变化,如果没有变化则该读数已是终点。特别是近终点时,应逐滴加入,并充分振摇。

(3)配位滴定中,加入指示剂的量是否适当对于终点的观察十分重要,宜在实践中总结经验,加以掌握。

(4)在氨性溶液中,$Ca(HCO_3)_2$ 会慢慢析出 $CaCO_3$ 沉淀,使终点拖长,变色不敏锐,因此,应加热煮沸溶液除去 CO_2。

七、思考题

1. 为什么通常使用乙二胺四乙酸二钠盐配制 EDTA 标准溶液,而不用乙二胺四乙酸?

2. 络合滴定中为什么要加入缓冲溶液?

3. 以 $CaCO_3$ 为基准物,以钙指示剂为指示剂标定 EDTA 溶液时,应控制溶液的酸度为多少? 怎样控制?

实验 3.7 水总硬度的测定

一、实验目的

(1)掌握络合滴定法测定水的硬度的原理和方法。

(2)了解水的硬度的测定意义和常用的硬度表示方法。

(3)掌握铬黑 T 和钙指示剂的应用,了解金属指示剂的特点。

二、实验原理

通常称含较多量 Ca^{2+}、Mg^{2+} 的水为硬水,水的总硬度是指水中 Ca^{2+}、Mg^{2+} 的总量,它包括暂时硬度和永久硬度。在水中 Ca^{2+}、Mg^{2+} 以酸式碳酸盐形式存在的,加热时能被分解,析出沉淀而除去,这类盐所形成的硬度称为暂时硬度。若以硫酸盐、硝酸盐和氯化物形式存在的称为永久硬度,它们在加热时也不被分解。

硬度又分为钙硬和镁硬,钙硬是由 Ca^{2+} 引起的,镁硬是由 Mg^{2+} 引起的。水的硬度是表示水质的一个重要指标,它对工业用水关系很大。如锅炉给水就必须进行硬度分析,为水的处理提供依据。测定水的总硬度就是测定水中钙、镁总量。

一般来说,$0°\sim4°$ 为很软的水,$4°\sim8°$ 为软水,$8°\sim16°$ 为中等硬水,$16°\sim30°$ 为硬水,大于 $30°$ 为很硬的水。硬度较高的水要经过软化处理达到一定标准后才能当作工业用水,生活饮用水硬度过高会影响肠胃的消化功能,所以消除或降低水的硬度是水处理的主要目标之一。

EDTA 滴定法测定水的总硬度是国际、国内通用的标准分析方法,适用于生活饮用水、锅炉用水、冷却水、地下水以及没有被严重污染的地表水。总硬是以铬黑 T 为指示剂,控制溶液的酸度为 $pH\approx10$,以 EDTA 标准溶液滴定之。由 EDTA 溶液的浓度和用量,可算出水的总硬。钙硬测定原理与以 $CaCO_3$ 为基准物标定 EDTA 标准溶液浓度相同。由总硬减去钙硬即为镁硬。

水的硬度的表示方法有多种,随各国的习惯而有所不同。有将水中的盐类都折算成 $CaCO_3$ 而以 $CaCO_3$ 的量作为硬度标准的。也有将盐类合算成 CaO 而以 CaO 的量来表示的。本实验采用我国目前常用的表示方法:以度($°$)计,1 硬度单位表示十万份水中含 1 份 CaO,即 $1°=10^{-5}$ $mg \cdot L^{-1}$ CaO。

$$硬度(°)=\frac{c_{EDTA} \times V_{EDTA} \times \dfrac{M_{CaO}}{1000}}{V_水} \times 10^5$$

式中,c_{EDTA}——标准溶液的浓度,$mol \cdot L^{-1}$;

V_{EDTA}——滴定时用去的 EDTA 标准溶液的体积,mL;(若此量为滴定总硬时所耗用的,则所得硬度为总硬;若此量为滴定钙硬时所耗用的,则所得硬度为钙硬。)

$V_水$——水样体积,mL;

M_{CaO}——CaO 的摩尔质量,g·mol^{-1}。

由于铬黑 T 与 Mg^{2+} 显色灵敏度高,与 Ca^{2+} 显色灵敏度低,故当水中 Mg^{2+} 含量较低时,使用铬黑 T 作指示剂往往得不到敏锐的终点。这时可在 EDTA 标定之前加入适量 Mg^{2+},或在待测水样中加入一些 Mg-EDTA 络合物,利用置换滴定原理来提高终点变色的敏锐性。

测定时如果水中含有其他干扰离子,可选用掩蔽方法消除,如 Fe^{3+}、Al^{3+} 可用三乙醇胺掩蔽,Cu^{2+}、Pb^{2+}、Zn^{2+} 等可用 KSCN 或 Na_2S 掩蔽。

三、试剂

0.02 mol·L^{-1} EDTA 标准溶液,NH_3-NH_4Cl 缓冲溶液(pH≈10),100 g·L^{-1} NaOH溶液,钙指示剂,铬黑 T 指示剂。

四、实验步骤

(1)EDTA 的标定(参见实验 3.6 中的介绍)。

(2)总硬的测定:用量筒量取澄清的水样 100 mL(用什么量器?为什么?)放入 250 mL 锥形瓶中,加入 5 mL 的 NH_3-NH_4Cl 缓冲溶液,摇匀。再加入约 10 mg 铬黑 T 固体指示剂,再摇匀,此时溶液呈酒红色,以 0.02 mol·L^{-1} EDTA 标准溶液滴定至纯蓝色,即为终点。

(3)钙硬的测定:量取澄清水样 100 mL,放入 250 mL 锥形瓶内,加 4 mL 100 g·L^{-1} 的 NaOH 溶液,摇匀,再加入约 0.01 g 钙指示剂,再摇匀。此时溶液呈淡红色。用 0.02 mol·L^{-1} EDTA 标准溶液滴定至呈纯蓝色,即为终点。

(4)镁硬的确定:由总硬减去钙硬即得镁硬。

五、注意事项

(1)若水样不是澄清的,必须过滤。过滤所用的仪器和滤纸必须是干燥的。最初和最后的滤液宜弃去。非属必要,一般不用纯水稀释水样。

(2)硬度较大的水样,在加缓冲溶液后常析出 $CaCO_3$、$(MgOH)_2CO_3$ 微粒,使滴定终点不稳定。遇此情况,可于水样中加适量稀 HCl 溶液,振摇后,再调至近中性,然后加缓冲溶液,则终点稳定。

六、思考题

1. 什么叫水的总硬度?

2. 用 EDTA 配位滴定法怎样测出水的总硬? 用什么指示剂? 产生什么反应? 终点变色如何? 试液的 pH 应控制在什么范围? 如何控制? 测定钙硬又如何?

3. 用 EDTA 法测定水的硬度时,哪些离子的存在有干扰? 如何消除?

4. 当水样中 Mg^{2+} 离子含量低时,以铬黑 T 作指示剂测定水中 Ca^{2+}、Mg^{2+} 离子总量,终点不明晰,因此常在水样中先加少量 MgY^{2-} 配合物,再用 EDTA 滴定,终点就敏锐。这样做对测定结果有无影响? 说明其原理。

实验 3.8　铅、铋混合液中铅、铋含量的连续测定

一、实验目的

(1)学会用控制溶液酸度的方法进行多种金属离子分别滴定。
(2)熟悉二甲酚橙指示剂的应用。

二、实验原理

Bi^{3+}、Pb^{2+} 离子均能与 EDTA 形成稳定的络合物,其稳定性有相当大的差别(它们的 $\lg K_稳$ 值分别为 27.94 和 18.04,$\Delta \lg K > 6$),因此可以利用控制溶液酸度来进行连续滴定。在 pH$\approx$1 时滴定 Bi^{3+},在 pH=5～6 时滴定 pb^{2+}。

测定时,先用 HNO_3 调节溶液的酸度至 pH$\approx$1,进行 Bi^{3+} 离子的滴定,溶液由紫红色突变为亮黄色即为终点。然后再用六亚甲基四胺为缓冲剂,控制溶液 pH$\approx$5～6。此时溶液再次呈现紫红色,再以 EDTA 溶液继续滴定 Pb^{2+},当溶液由紫红色突变为亮黄色,即为终点。

测定 Pb^{2+} 与 Bi^{3+} 均以二甲酚橙为指示剂。二甲酚橙属于三苯甲烷类指示剂,易溶于水,它有 7 级酸式解离,其中 H_7In 至 H_3In^{4-} 呈黄色、H_2In^{5-} 至 In^{7-} 呈红色。所以它在溶液中的颜色随酸度而变,在溶液 pH<6.3 时呈黄色,pH>6.3 时呈红色。二甲酚橙与 Bi^{3+} 离子及 Pb^{2+} 离子的配合物呈紫红色,它们的稳定性与 Bi^{3+}、Pb^{2+} 离子和 EDTA 所形成的配合物相比要弱一些。

三、试剂

0.02 mol·L^{-1} EDTA 标准溶液,0.2%(质量分数)二甲酚橙指示剂,200 g·L^{-1}六亚甲基四胺溶液,ZnO(基准用),0.1 mol·L^{-1} HNO_3 溶液,

0.5 mol·L⁻¹ NaOH溶液,Pb^{2+}、Bi^{3+}混合液,1:1 NH_3 溶液。

四、实验步骤

(1)EDTA 的标定(参见实验 3.6 中的介绍)。

(2)Bi^{3+} 离子的滴定:移取 25 mL 试液 3 份,分别置于 250 mL 锥形瓶中。先以 pH 为 0.5~5 范围的精密 pH 试纸试验试液的酸度。一般来说,不带沉淀的含 Bi 离子的试液其 pH 应在 1 以下(为什么?),为此,以 0.5 mol·L⁻¹ NaOH 溶液(装在滴定管中)调节之,边滴加边搅拌,并时时以精密 pH 试纸试之,至溶液 pH 达到 1 为止。记下所加的 NaOH 溶液的体积。(不必准确至小数点后第二位,只需 1 位有效数字,为什么?)接着加入 10 mL 0.1 mol·L⁻¹ HNO_3溶液及 2~3 滴 0.2%二甲酚橙指示剂,用 0.02 mol·L⁻¹ EDTA 标准溶液滴定至溶液由紫红色变为棕红色,再加 1 滴,突变为亮黄色,即为终点,记下粗略读数。然后开始正式滴定。取另一份 25 mL 试液,加入初步试验中调节溶液酸度时所需的相同体积的 0.5 mol·L⁻¹ NaOH 溶液,接着再加 10 mL 0.1 mol·L⁻¹ HNO_3 溶液及 2 滴 0.2%二甲酚橙指示剂,用 EDTA 标准溶液滴定之,终点变化同上。在离终点 1~2 mL 前可以滴得快一些,近终点时则应慢一些,每加 1 滴,摇动并观察是否变色。

(3)Pb^{2+} 离子的滴定:在滴定 Bi^{3+} 离子后的溶液中,滴加 200 g·L⁻¹的六亚甲基四胺,至溶液呈紫红色(或橙红色),再过量 5 mL,以 0.02 mol·L⁻¹ EDTA 滴定至溶液由紫红色经橙色突变至亮黄色为终点。

五、思考题

1. 滴定 Bi^{3+} 与 Pb^{2+} 离子时溶液酸度各控制在什么范围,如何控制?
2. 控制酸度时为何用 HNO_3 而不用 HCl 或 H_2SO_4?

实验 3.9　钙制剂中钙含量的测定

一、实验目的

(1)学会钙制剂的溶样方法。
(2)掌握钙离子的测定方法。

二、实验原理

钙与身体健康息息相关,钙除成骨以支撑身体外,还参与人体的代谢活动,它是细胞的主要阳离子,还是人体最活跃的元素之一,缺钙可导致儿童佝偻病、青少年发育迟缓,孕妇高血压,老年人的骨质疏松症。缺钙还可引起神经病、糖尿病、外伤流血不止等多种过敏性疾病。补钙越来越被人们所重视,因此,许多钙制剂相应而生。对钙制剂中钙的含量,可采用 EDTA 法进行直接测定。

钙制剂一般用酸溶解并加入少量三乙醇胺,以消除 Fe^{3+} 等干扰离子,调节 pH$\approx$12~13,以铬蓝黑 R 作指示剂,指示剂与钙生成红色的络合物,当用EDTA滴定至计量点时,游离出指示剂,溶液呈现蓝色。

三、试剂

(1)0.02 mol·L^{-1} EDTA 标准溶液

(2)5 mol·L^{-1} NaOH 溶液

(3)6 mol·L^{-1} HCl 溶液

(4)200 g·L^{-1}三乙醇胺

(5)5 g·L^{-1}铬蓝黑 R 乙醇溶液

四、实验步骤

(1)EDTA 溶液浓度的标定(参见实验 3.6 中的介绍)。

(2)钙制剂中钙含量的测定:准确称取钙制剂 2 g 左右,加 6 mol·L^{-1} HCl 5 mL,加热溶解完全后,定量转移到 250 mL 容量瓶中,用水稀释至刻度,摇匀。

准确移取上述试液 25.00 mL,加入三乙醇胺溶液 5 mL,5 mol·L^{-1} NaOH 溶液 5 mL,水 25 mL,摇匀,加铬蓝黑 R 3~4 滴,用 0.02 mol·L^{-1} EDTA 标准溶液滴定至溶液由红色变为蓝色即为终点,根据消耗 EDTA 的体积,计算出钙的质量分数及每片中钙的含量(g/片)。

五、注意事项

钙制剂视钙含量多少而确定称量范围。有色有机钙因颜色干扰无法辨别终点,应先进行消化处理。牛奶、钙奶均为乳白色,终点颜色变化不太明显,接近终点时再补加 2~3 滴指示剂。

六、思考题

1. 试述铬蓝黑 R 的变色原理。
2. 计算钙制剂含量为 40％、10％左右的称量范围。
3. 拟定牛奶和钙奶等液体钙制剂中钙含量的测定方法。

实验 3.10 高锰酸钾标准溶液的配制和标定

一、实验目的

(1)了解高锰酸钾标准溶液的配制方法和保存条件。

(2)掌握用 $Na_2C_2O_4$ 作基准物标定高锰酸钾溶液浓度的原理、方法及滴定条件。

二、实验原理

高锰酸钾是最常用的氧化剂之一。市售的高锰酸钾常含少量杂质,如硫酸盐、氯化物及硝酸盐等,因此不能用精确称量高锰酸钾来直接配制准确浓度的溶液。$KMnO_4$ 氧化能力强,还易和水中的有机物、空气中的尘埃及氨等还原性物质作用;$KMnO_4$ 能自行分解,分解速度随溶液的 pH 值而改变。在中性溶液中,分解很慢,但光线和 Mn^{2+}、MnO_2 等都促进 $KMnO_4$ 分解。由此可见,$KMnO_4$ 溶液浓度容易改变,必须正确配制和保存。正确配制和保存的 $KMnO_4$ 溶液应呈中性,不含 MnO_2,这样,浓度就比较稳定。因此,用 $KMnO_4$ 配制的溶液需在暗处放置数天,待 $KMnO_4$ 把还原性杂质充分氧化后,再除去生成的 MnO_2 沉淀,标定其准确浓度。配好的 $KMnO_4$ 应除尽杂质,并保存于暗处。

$KMnO_4$ 标准溶液常用还原剂草酸钠 $Na_2C_2O_4$ 作基准物来标定。$Na_2C_2O_4$ 不含结晶水,容易精制。用 $Na_2C_2O_4$ 标定 $KMnO_4$ 溶液的反应如下:

$$2MnO_4^- + 5H_2C_2O_4 + 6H^+ =\!\!=\!\!= 2Mn^{2+} + 10CO_2 + 8H_2O$$

滴定时可利用 MnO_4^- 离子本身的颜色指示滴定终点。

三、试剂

$KMnO_4$ 固体,$Na_2C_2O_4$ 固体(AR 或基准试剂),$1\ mol \cdot L^{-1}\ H_2SO_4$。

四、实验步骤

1. 0.02 mol·L^{-1} $KMnO_4$ 溶液的配制

称取 1.6 g $KMnO_4$ 溶于 500 mL 水中,盖上表面皿,加热至沸并保持微沸状态 20~30 min,冷却后于室温下放置 7~10 天后,用微孔玻璃漏斗或玻璃棉过滤除去 MnO_2 等杂质,滤液贮于清洁带塞的棕色瓶中,放置暗处保存。如果溶液经煮沸并在水浴上保温 1 h,冷却后过滤,则不必长期放置,就可标定其浓度。

2. $KMnO_4$ 溶液浓度的标定

准确称取 0.13~0.16 g 基准物质 $Na_2C_2O_4$ 置于 250 mL 锥形瓶中,加入 10 mL 水使之溶解,再加 30 mL 1 mol·L^{-1} H_2SO_4,加热至 75~85 ℃(即开始冒蒸气时的温度),趁热用 $KMnO_4$ 溶液进行滴定。由于开始时滴定反应速度较慢,滴定的速度也要慢,一定要等前一滴 $KMnO_4$ 的红色完全褪去再滴入下一滴。随着滴定的进行,溶液中产物即催化剂 Mn^{2+} 的浓度不断增大,反应速度加快,滴定的速度也可适当加快,此为自身催化作用。直至滴定的溶液呈微红色,半分钟不褪色即为终点。注意终点时溶液的温度应保持在 60℃ 以上。平行标定 3 份,根据滴定所消耗的 $KMnO_4$ 溶液体积和基准物的质量,计算 $KMnO_4$ 溶液的浓度和相对平均偏差。

五、注意事项

(1)$KMnO_4$ 作氧化剂,通常是在强酸溶液中反应,滴定过程中若发现产生棕色混浊(酸度不足引起),应立即加入 H_2SO_4 补救,但若已经达到终点,则加 H_2SO_4 已无效,此时应重做实验。

(2)加热可使反应加快,但不应热至沸腾,否则容易引起部分草酸分解。正确的温度是 75~85 ℃(手触烧杯壁感觉烫手),在滴定至终点时,溶液的温度不应低于 60℃。

(3)$KMnO_4$ 溶液应装在玻塞滴定管中,由于 $KMnO_4$ 溶液颜色很深,不易观察溶液弯月面的最低点,因此应该从液面最高边上读数。

(4)$KMnO_4$ 滴定的终点是不大稳定的,这是由于空气中含有还原性气体及尘埃等杂质,落入溶液中能使 $KMnO_4$ 慢慢分解,而使粉红色消失,所以经 30 s 不褪色,即可认为终点已到。

六、思考题

1. 配制 $KMnO_4$ 标准溶液时,为什么要将 $KMnO_4$ 溶液煮沸一定时间并放置数天？配好的 $KMnO_4$ 溶液为什么要过滤后才能保存？过滤时是否可以用滤纸？

2. 配制好的 $KMnO_4$ 溶液为什么要盛放在棕色瓶中保存？如果没有棕色瓶怎么办？

3. 用 $Na_2C_2O_4$ 标定 $KMnO_4$ 溶液浓度时，为什么必须在大量 H_2SO_4 存在下进行？酸度过高或过低有无影响？为什么要加热至 $75\sim85\ ℃$ 后才能滴定？溶液温度过高或过低有什么影响？

4. 用 $KMnO_4$ 溶液滴定 $Na_2C_2O_4$ 溶液时，$KMnO_4$ 溶液为什么一定要装在玻塞滴定管中？为什么第一滴 $KMnO_4$ 溶液加入后红色褪去很慢，以后褪色较快？

实验3.11　高锰酸钾法测定过氧化氢的含量

一、实验目的

掌握用高锰酸钾法测定过氧化氢含量的原理和方法。

二、实验原理

过氧化氢在工业、生物、医药等方面应用广泛，它具有还原性，在酸性介质和室温条件下很容易被高锰酸钾定量氧化，而生成氧气和水，其反应方程式为：

$$2MnO_4^- +5H_2O_2 + 6H^+ = 2Mn^{2+} +5O_2 + 8H_2O$$

根据高锰酸钾溶液的浓度和滴定所耗用的体积，可以算得溶液中过氧化氢的含量。

室温时，滴定开始反应缓慢，随着 Mn^{2+} 的生成而加速。H_2O_2 加热时易分解，因此，滴定时通常加入 Mn^{2+} 作催化剂。

市售的 H_2O_2 约为30％的水溶液，极不稳定，滴定前需先用水稀释到一定浓度，以减少取样误差。在要求较高的测定中，由于商品双氧水中常加入少量乙酰苯胺等有机物质作稳定剂，此类有机物也消耗 $KMnO_4$ 而造成误差，此时，可改用碘量法测定。

三、试剂

$0.02\ mol\cdot L^{-1}$ $KMnO_4$ 标准溶液，$1\ mol\cdot L^{-1}$ H_2SO_4 溶液，$1\ mol\cdot L^{-1}$ $MnSO_4$ 溶液，H_2O_2 试样。

四、实验步骤

用公用移液管移取 H_2O_2 样品(浓度约为 3%)10.00 mL,置于 250 mL 容量瓶中,加水稀释至刻度,充分摇匀后备用。

用移液管移取稀释过的 H_2O_2 25.00 mL 于 250 mL 锥形瓶中,加入 30 mL $1\ mol \cdot L^{-1}$ H_2SO_4 溶液及 2~3 滴 $1\ mol \cdot L^{-1}$ $MnSO_4$ 溶液,用 $KMnO_4$ 标准溶液滴定到溶液呈微红色,半分钟不褪色即为终点。平行测定 3 次,记录滴定时消耗的 $KMnO_4$ 溶液的体积。

根据 $KMnO_4$ 溶液的浓度和滴定时所消耗的体积以及滴定前样品的稀释情况,计算试样中的 H_2O_2 的质量浓度($g \cdot L^{-1}$)和相对平均偏差。

五、思考题

1. 用高锰酸钾法测定 H_2O_2 时,能否用 HNO_3 或 HCl 溶液来控制酸度?
2. 用高锰酸钾法测定 H_2O_2 时,为何不能通过加热来加速反应?

实验 3.12　石灰石中钙的测定

一、实验目的

(1)学习沉淀分离的基本知识和操作(沉淀、过滤及洗涤等)。

(2)了解用高锰酸钾法测定石灰石中钙含量的原理和方法,尤其是结晶形草酸钙沉淀和分离的条件及洗涤 CaC_2O_4 沉淀的方法。

二、实验原理

石灰石的主要成分是 $CaCO_3$,较好的石灰石含 CaO 约 45%~53%,此外还含有 SiO_2、Fe_2O_3、Al_2O_3 及 MgO 等杂质。

测定钙的方法很多,快速的方法是络合滴定法,较精确的方法是本实验采用的高锰酸钾法。后一种方法是将 Ca^{2+} 离子沉淀为 CaC_2O_4,将沉淀滤出并洗净后,溶于稀 H_2SO_4 溶液,再用 $KMnO_4$ 标准溶液滴定与 Ca^{2+} 离子相当的 $C_2O_4^{2-}$ 离子,根据所用 $KMnO_4$ 的体积和浓度计算试样中钙或氧化钙的含量。主要反应如下:

$$Ca^{2+} + C_2O_4^{2-} \rightarrow CaC_2O_4 \downarrow$$

$$CaC_2O_4 + H_2SO_4 \rightarrow CaSO_4 + H_2C_2O_4$$

$$5H_2C_2O_4 + 2MnO_4^- + 6H^+ \Longrightarrow 2Mn^{2+} + 10CO_2 \uparrow + 8H_2O$$

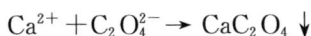

此法用于含 Mg^{2+} 离子及碱金属的试样时，其他金属阳离子不应存在，这是由于它们与 $C_2O_4^{2-}$ 离子容易生成沉淀或共沉淀而形成正误差。

当[Na^+]>[Ca^{2+}] 时，$Na_2C_2O_4$ 共沉淀形成正误差。若 Mg^{2+} 离子存在，往往产生后沉淀。如果溶液中含 Ca^{2+} 离子和 Mg^{2+} 离子量相近，也产生共沉淀。如果过量的 $C_2O_4^{2-}$ 离子浓度足够大，则形成可溶性草酸镁络合物 [$Mg(C_2O_4)_2$]$^{2-}$。若在沉淀完毕后即进行过滤，则此干扰可减小。当[Mg^{2+}]>[Ca^{2+}]时，共沉淀影响很严重，需要进行再沉淀。

按照经典方法，需用碱性熔剂熔融分解试样，制成溶液，分离除去 SiO_2 和 Fe^{3+}、Al^{3+} 离子，然后测定钙，但是其手续太烦。若试样中含酸不溶物较少，可以用酸溶样，Fe^{3+}、Al^{3+} 离子可用柠檬酸铵掩蔽，不必沉淀分离，这样就可简化分析步骤。

CaC_2O_4 是弱酸盐沉淀，其溶解度随溶液酸度增大而增加，在 $pH \approx 4$ 时，CaC_2O_4 的溶解损失可以忽略。一般采用在酸性溶液中加入(NH_4)$_2C_2O_4$，再滴加氨水逐渐中和溶液中的 H^+ 离子，使[$C_2O_4^{2-}$]缓缓增大，CaC_2O_4 沉淀缓慢形成，最后控制溶液 pH 值在 3.5～4.5。这样，既可使 CaC_2O_4 沉淀完全，又不致生成 $Ca(OH)_2$ 或($CaOH$)$_2C_2O_4$ 沉淀，能获得组成一定的、颗粒粗大而纯净的 CaC_2O_4 沉淀。其他矿石中的钙也可用本法测定。

三、仪器和试剂

1. 试剂

$6 \text{ mol} \cdot \text{L}^{-1}$ HCl 溶液，$1 \text{ mol} \cdot \text{L}^{-1}$ H_2SO_4 溶液，$2 \text{ mol} \cdot \text{L}^{-1}$ HNO_3 溶液（滴瓶装），0.1%甲基橙，$3 \text{ mol} \cdot \text{L}^{-1}$ 氨水（滴瓶装），10%柠檬酸铵，$0.25 \text{ mol} \cdot \text{L}^{-1}$ (NH_4)$_2C_2O_4$ 溶液，0.1%(NH_4)$_2C_2O_4$ 溶液，$0.1 \text{ mol} \cdot \text{L}^{-1}$ $AgNO_3$ 溶液（滴瓶装），$0.02 \text{ mol} \cdot \text{L}^{-1}$ $KMnO_4$ 标准溶液。

2. 仪器

玻璃砂芯漏斗（4 号，25～30 mL）。

四、实验步骤

准确称取石灰石试样 0.5～1g，置于 250 mL 烧杯中，滴加少量水使试样润湿，盖上表面皿，缓缓滴加 $6 \text{ mol} \cdot \text{L}^{-1}$ HCl 溶液 10 mL，同时不断摇动烧杯。待停止发泡后,小心加热煮沸 2 min,冷却后,仔细将全部物质转入 250 mL 容量瓶中,加水至刻度,摇匀,静置使其中酸不溶物沉降。也可以称取 0.1～0.2 g 试样,用 6 mol·L^{-1} HCl 溶液 7～8 mL 溶解,得到的溶液不再加 HCl 溶液,直接按下述条件沉淀 CaC_2O_4。

准确吸取 50 mL 清液(必要时将溶液用干滤纸过滤到干烧杯中后再吸取)2 份,分别放入 400 mL 烧杯中,加入 5 mL 10%柠檬酸铵溶液和 120 mL 水,加入甲基橙 2 滴,加 6 mol·L^{-1} HCl 溶液 5～10 mL 至溶液显红色,加入 15～20 mL 0.25 mol·L^{-1} $(NH_4)_2C_2O_4$ 溶液。若此时有沉淀生成,应在搅拌下滴加 6 mol·L^{-1} HCl 溶液至沉淀溶解,注意勿多加。加热至 70～80℃,在不断搅拌下以每秒1～2滴的速度滴加 3 mol·L^{-1} 氨水至溶液由红色变为橙黄色,继续保温约 30 min,并随时搅拌,放置冷却。

用中速滤纸(或玻璃砂芯漏斗)以倾泻法过滤。用冷的 0.1% $(NH_4)_2C_2O_4$ 溶液用倾泻法将沉淀洗涤 3～4 次,再用冷水洗涤至洗液不含 Cl$^-$ 离子为止。

将带有沉淀的滤纸贴在原贮沉淀的烧杯内壁(沉淀向杯内)。用 50 mL 1 mol·L^{-1} H_2SO_4 溶液仔细将滤纸上沉淀洗入烧杯,用水稀释至 100 mL,加热至 75～85℃,用 0.02 mol·L^{-1} $KMnO_4$ 标准溶液滴定至溶液呈粉红色。然后将滤纸浸入溶液中,用玻棒搅拌,若溶液褪色,再滴入 $KMnO_4$ 溶液,直至粉红色经 30 s 不褪即达终点。

根据 $KMnO_4$ 用量和试样质量计算试样含钙(或 CaO)百分率。

五、注意事项

(1)柠檬酸铵络合掩蔽 Fe^{3+} 和 Al^{3+} 离子,以免生成胶体和共沉淀,其用量视铁和铝的含量多少而定。

(2)在酸性溶液中加$(NH_4)_2C_2O_4$,再调 pH,但盐酸只能稍过量,否则用氨水调 pH 时,用量较大。

(3)调节 pH 至 3.5～4.5,使 CaC_2O_4 沉淀完全,MgC_2O_4 不沉淀。

(4)保温是为了使沉淀陈化。若沉淀完毕后,要放置过夜则不必保温。但对 Mg 含量高的试样不宜久放,以免后沉淀。

(5)先用沉淀剂稀溶液洗涤,利用共同离子效应,降低沉淀的溶解度,以减小溶解损失,并且洗去大量杂质。

(6)再用水洗的目的主要是洗去 $C_2O_4^{2-}$ 离子。洗至洗液中无 Cl$^-$ 离子,即表示沉淀中杂质已洗净。洗涤时应注意吹水洗去滤纸上部的 $C_2O_4^{2-}$ 离子。检查 Cl$^-$ 离子的方法是滴加 $AgNO_3$ 溶液,根据下述反应来判断:

$$Cl^- + Ag^+ \Longrightarrow AgCl \downarrow（白）$$

但是 $C_2O_4^{2-}$ 离子也有类似反应：

$$C_2O_4^{2-} + 2Ag^+ \Longrightarrow Ag_2C_2O_4 \downarrow（白）$$

因此,如果洗液中加入 $AgNO_3$ 溶液,没有沉淀生成,表示 Cl^- 离子和 $C_2O_4^{2-}$ 离子都已洗净。如果加入 $AgNO_3$ 溶液,产生白色沉淀或浑浊,则说明有 $C_2O_4^{2-}$ 离子或 Cl^- 离子。若用稀 HNO_3 溶液酸化,沉淀减少或消失,则 $C_2O_4^{2-}$ 离子未洗净。注意洗涤次数和洗涤液体积不可太多。

(7)在酸性溶液中滤纸消耗 $KMnO_4$,接触时间愈长,消耗愈多,因此只能在滴定至终点前才能将滤纸浸入溶液中。

六、思考题

1. 用 $(NH_4)_2C_2O_4$ 沉淀 Ca^{2+} 离子前,为什么要先加入柠檬酸铵？是否可用其他试剂？

2. 沉淀 CaC_2O_4 时,为什么要先在酸性溶液中加入沉淀剂 $(NH_4)_2C_2O_4$,然后在 $70\sim80$ ℃ 时滴加氨水至甲基橙变橙黄色而使 CaC_2O_4 沉淀？中和时为什么选用甲基橙指示剂来指示酸度？

3. 洗涤 CaC_2O_4 沉淀时,为什么先要用稀 $(NH_4)_2C_2O_4$ 溶液作洗涤液,然后再用冷水洗？怎样判断 $C_2O_4^{2-}$ 离子洗净没有？怎样判断 Cl^- 离子洗净没有？

4. 如果将带有 CaC_2O_4 沉淀的滤纸一起用硫酸处理,再用 $KMnO_4$ 溶液滴定,会产生什么影响？

5. CaC_2O_4 沉淀生成后为什么要陈化？

6. $KMnO_4$ 法与络合滴定法测定钙的优缺点各是什么？

7. 若试样含 Ba^{2+} 或 Sr^{2+},它们对用 $(NH_4)_2C_2O_4$ 沉淀分离 CaC_2O_4 有无影响？若有影响应如何消除？

实验 3.13 $Na_2S_2O_3$ 标准溶液的配制和标定

一、实验目的

(1)掌握 $Na_2S_2O_3$ 溶液的配制方法。

(2)掌握标定 $Na_2S_2O_3$ 溶液浓度的原理和方法。

二、实验原理

固体试剂 $Na_2S_2O_3 \cdot 5H_2O$ 通常含有一些杂质,且易风化和潮解,易与微生物等作用而分解,因此,$Na_2S_2O_3$ 标准溶液采用标定法配制。

$Na_2S_2O_3$ 溶液不够稳定,容易分解。水中的 CO_2、细菌和光照都能使其分解,水中的 O_2 也能将其氧化。故配制 $Na_2S_2O_3$ 溶液时,最好采用新煮沸并冷却的蒸馏水,以除去水中的 CO_2 和 O_2 并杀死细菌。加入少量 Na_2CO_3 使溶液呈弱碱性以抑制 $Na_2S_2O_3$ 的分解和细菌的生长。贮于棕色瓶中,放置几天后再进行标定。长期使用的溶液应定期标定。

通常采用 $K_2Cr_2O_7$ 作为基准物,以淀粉为指示剂,用间接碘量法标定 $Na_2S_2O_3$ 溶液的浓度。$K_2Cr_2O_7$ 先与过量的 KI 反应,析出与 $K_2Cr_2O_7$ 计量相当的 I_2,析出的 I_2 再用 $Na_2S_2O_3$ 溶液滴定,反应方程式如下:

$$Cr_2O_7^{2-} + 6I^- + 14H^+ \!\!=\!\!=\!\! 2Cr^{3+} + 3I_2 + 7H_2O$$

$$2S_2O_3^{2-} + I_2 \!\!=\!\!=\!\! 2I^- + S_4O_6^{2-}$$

$Cr_2O_7^{2-}$ 与 I^- 的反应速度较慢,为了加快反应速度,可控制溶液酸度为 $0.2\sim0.4\ mol \cdot L^{-1}$。同时加入过量的 KI,并在暗处放置一定时间。但在滴定前须将溶液稀释以降低酸度,以防止 $Na_2S_2O_3$ 在滴定过程中遇强酸而分解。

三、试剂

$Na_2S_2O_3 \cdot 5H_2O$(固体),Na_2CO_3(固体),10% KI 溶液,淀粉指示剂,$K_2Cr_2O_7$(A. R. 或基准试剂),$6\ mol \cdot L^{-1}$ HCl 溶液。

四、实验步骤

(1)$0.1\ mol \cdot L^{-1} Na_2S_2O_3$ 溶液的配制:称取 $13\ g Na_2S_2O_3 \cdot 5H_2O$ 于烧杯中,加入 $300\ mL$ 新煮沸已冷却的蒸馏水中,完全溶解后,加入 $0.2\ g Na_2CO_3$,然后用新煮沸已冷却的蒸馏水稀释至 $500\ mL$,保存于棕色瓶中,暗处放置一周后进行标定。

(2)$Na_2S_2O_3$ 溶液的标定:准确称取已烘干的 $K_2Cr_2O_7$ 基准物 $1.0\sim1.2\ g$ 于 $250\ mL$ 锥形瓶中,加入 $10\sim20\ mL$ 水使之溶解,再加入 $20\ mL 10\%$ KI 溶液(或 $2\ g$ 固体 KI)和 $6\ mol \cdot L^{-1}$ HCl 溶液 $5\ mL$,混匀后用表面皿盖好,于暗处放置 $5\ min$。然后用 $100\ mL$ 水稀释,用 $Na_2S_2O_3$ 溶液滴定至浅黄绿色后加入 1% 淀粉指示剂 $1\ mL$,继续滴定至溶液蓝色消失并变为绿色,即为终点。平行测定

3 次,根据 $K_2Cr_2O_7$ 的质量及消耗的 $Na_2S_2O_3$ 溶液体积,计算 $Na_2S_2O_3$ 标准溶液的浓度和相对平均偏差。

五、注意事项

(1)$K_2Cr_2O_7$ 与 KI 的反应不是立刻完成的,在稀溶液中反应更慢,因此应等反应完成后再加水稀释。

(2)生成的 Cr^{3+} 离子显蓝绿色,妨碍终点观察。滴定前预先稀释,可使 Cr^{3+} 离子浓度降低,蓝绿色变浅,终点时溶液由蓝变到绿,容易观察。同时稀释也使溶液的酸度降低,适于用 $Na_2S_2O_3$ 滴定 I_2。

(3)滴定完了的溶液放置后会变蓝色,如果不是很快变蓝(经过 5~10 min),那就是由于空气氧化所致。如果很快而且又不断变蓝,说明 $K_2Cr_2O_7$ 和 KI 的作用在滴定前进行的不完全,溶液稀释的太早。遇此情况,实验应重做。

六、思考题

1. 如何配制和保存 $Na_2S_2O_3$ 标准溶液?

2. 用 $K_2Cr_2O_7$ 作基准物质标定 $Na_2S_2O_3$ 溶液时,为什么要加入过量的 KI 和 HCl 溶液?为什么在滴定前还要加水稀释?

3. 为什么用 I_2 溶液滴定 $Na_2S_2O_3$ 溶液时应预先加入淀粉指示剂?而用 $Na_2S_2O_3$ 滴定 I_2 溶液时必须在将近终点之前才加入?

实验 3.14 硫酸铜中铜含量的测定

一、实验目的

通过硫酸铜中铜含量的测定,掌握间接碘量法的原理及其操作方法。

二、实验原理

在弱酸条件下,Cu^{2+} 可以被 KI 还原为 CuI,同时析出与之计量相当的 I_2,用 $Na_2S_2O_3$ 标准溶液滴定,以淀粉为指示剂。反应式为:

$$2Cu^{2+} + 4I^- \rightleftharpoons 2CuI + I_2$$

$$2S_2O_3^{2-} + I_2 \rightleftharpoons S_4O_6^{2-} + 2I^-$$

Cu^{2+} 与 I^- 的反应是可逆性的,为了使反应趋于完全,必须加入过量的 KI。

但是由于 CuI 沉淀强烈地吸附 I_3^- 离子,会使测定结果偏低。如果加入 KSCN,使 $CuI(Ksp=5.06\times10^{-12})$ 转化为溶解度更小的 $CuSCN(Ksp=4.8\times10^{-15})$:

$$CuI + SCN^- = CuSCN + I^-$$

这样不但可释放出被吸附的 I_3^- 离子,而且反应时再生的 I^- 离子可与未反应的 Cu^{2+} 离子发生作用。但是,KSCN 只能在接近终点时加入,否则较多的 I_2 会明显地为 KSCN 所还原而使结果偏低。

同时,为了防止铜盐水解,反应必须在酸性溶液中进行。酸度过低,铜盐水解而使 Cu^{2+} 离子氧化 I^- 离子进行不完全,造成结果偏低,而且反应速度慢,终点拖长。酸度过高,则 I^- 离子被空气氧化为 I_2 的反应被 Cu^{2+} 离子催化,使结果偏高。

大量 Cl^- 离子能与 Cu^{2+} 离子配合,I^- 离子不易从 $Cu(II)$ 离子的氯配合物中将 Cu^{2+} 离子定量地还原,因此最好使用硫酸而不用盐酸(少量盐酸不干扰)。

矿石或合金中的铜也可以用碘法测定。但必须设法防止其他能氧化 I^- 的物质(如 NO_3^-、Fe^{3+} 离子等)的干扰。防止的方法是加入掩蔽剂以掩蔽干扰离子(比如使 Fe^{3+} 生成 FeF_6^{3-} 配离子而被掩蔽)或在测定前将它们分离除去。若有 As(V)、Sb(V)存在,则应将 pH 调至 4,以免它们氧化 I^- 离子。

三、试剂

0.1 mol·L^{-1} $Na_2S_2O_3$ 标准溶液,10% KI 溶液,10% KSCN 溶液,1 mol·L^{-1} H_2SO_4 溶液,硫酸铜试样。

四、实验步骤

准确称取硫酸铜试样 0.5～0.6 g 置于 250 mL 锥形瓶中,加 1 mol·L^{-1} H_2SO_4 溶液 5 mL 和 30 mL 水使其溶解。加入 10 mL 10% KI 溶液,立即用 $Na_2S_2O_3$ 标准溶液滴定至呈浅黄色,加入 1 mL 淀粉指示剂,继续滴定至呈浅蓝色,再加入 5 mL 10% KSCN 溶液,摇匀后溶液蓝色转深,再继续用 $Na_2S_2O_3$ 标准溶液滴定至蓝色刚好消失即为终点。此时溶液呈米色或浅肉红色。平行测定 3 次,计算硫酸铜中铜的质量分数。

五、思考题

1. 本实验加入 KI 溶液的作用是什么?
2. 本实验为什么要加入 KSCN 溶液?为什么不能过早地加入?
3. 若试样中含有铁,则加入何种试剂以消除铁对测定铜的干扰并控制溶液的 pH 为 3～4?

实验 3.15　水中化学需氧量(COD)的测定

一、实验目的

(1)了解重铬酸钾法测定水中 COD 的标准方法。

(2)了解回流装置处理样品的方法。

二、实验原理

化学需氧量(COD)是度量水体受还原性物质(主要是有机物)污染程度的综合性指标。它是指在一定条件下,用强氧化剂处理水样时所消耗氧化剂的量,以 $O_2(mg \cdot L^{-1})$ 来表示。化学需氧量反映了水体受还原性物质污染的程度。水中还原性物质包括有机物、亚硝酸盐、亚铁盐、硫化物等。水被有机物污染是很普遍的,因此化学需氧量也作为有机物相对含量的指标之一。对于工业废水 COD 的测定,国家标准(GB)规定用重铬酸钾法。

在强酸性溶液中,一定量的重铬酸钾氧化水样中还原性物质,过量的重铬酸钾以试亚铁灵作指示剂、用硫酸亚铁铵溶液回滴。根据用量即可算出水样中的 COD。

三、仪器和试剂

1. 仪器

带 250 mL 锥形瓶的全玻璃回流装置;加热装置:电热板或变阻电炉;25 mL 酸式滴定管。

2. 试剂

(1)重铬酸钾标准溶液($c_{\frac{1}{6}K_2Cr_2O_7} = 0.2500 \text{ mol} \cdot L^{-1}$):称取预先在 120 ℃ 烘了 2 h 的基准级或优级纯重铬酸钾 12.258 g 溶于水中,移入 1000 mL 容量瓶,加水稀释至刻度,摇匀。

(2)试亚铁灵指示液:称取 1.485 g 邻二氮杂菲(又称邻菲啰啉,1,10 - phenanthroline),0.695 g 硫酸亚铁($FeSO_4 \cdot 7H_2O$)溶于水中,稀释至 100 mL,贮于棕色瓶内。

(3)硫酸亚铁铵标准溶液:称取 39.5 g 硫酸亚铁铵溶于水中,边搅拌边缓慢加入 20 mL 浓硫酸,冷却后移入 1000 mL 容量瓶中,加水稀释至刻度,摇匀。临用前,用重铬酸钾标准溶液标定。

(4)硫酸-硫酸银溶液：于 500 mL 浓硫酸中加入 5 g 硫酸银，放置 1～2 h，不时摇动使其溶解。

(5)硫酸汞：结晶或粉末。

四、实验步骤

1. 硫酸亚铁铵的标定

准确吸取 10.00 mL 重铬酸钾标准溶液于 500 mL 锥形瓶中，加水稀释至 110 mL 左右，缓慢加入 30 mL 浓硫酸，混匀。冷却后，加入 3 滴试亚铁灵指示液，用硫酸亚铁铵标准溶液滴定，溶液的颜色由黄色经蓝绿色至红褐色即为终点。

$$c=\frac{0.2500\times10.00}{V}$$

式中，c 为硫酸亚铁铵标准溶液的浓度，mol·L^{-1}；

  V 为硫酸亚铁铵标准溶液滴定的用量，mL。

2. 水样的测定

(1)取 20.00 mL 水样(或适量水样稀释至 20.00 mL)置于 250 mL 磨口的回流锥形瓶中，准确加入 10.00 mL 重铬酸钾标准溶液及数粒小玻璃珠或沸石，连接磨口回流冷凝管，从冷凝管上口慢慢地加入 30 mL 硫酸-硫酸银溶液，轻轻摇动锥形瓶使溶液混匀，加热回流 2 h(自开始沸腾时计时)。

(2)冷却后，用 90 mL 水冲洗冷凝管壁，取下锥形瓶。此时，溶液总体积不得少于 140 mL，否则因酸度太大，滴定终点不明显。

(3)溶液再度冷却后，加 3 滴试亚铁灵指示液，用硫酸亚铁铵标准溶液滴定，溶液的颜色由黄色经蓝绿色至红褐色即为终点，记录硫酸亚铁铵标准溶液的用量。

(4)测定水样的同时，以 20.00 mL 重蒸馏水，按同样操作步骤作空白试验。记录滴定空白时硫酸亚铁铵标准溶液的用量。

五、数据记录与计算

水中 COD 的计算

$$\text{COD}_{\text{Cr}}=\frac{(V_0-V_1)\times c\times8\times1000}{V}(\text{O}_2，\text{mg}\cdot\text{L}^{-1})$$

式中，c 为硫酸亚铁铵标准溶液的浓度，mol·L^{-1}；

  V_0 为滴定空白时硫酸亚铁铵标准溶液用量，mL；

  V_1 为滴定水样时硫酸亚铁铵标准溶液的用量，mL；

  V 为水样的体积，mL；

8 为 1/2 O 的摩尔质量,g·mol^{-1}。

六、注意事项

(1)水样中 Cl$^-$ 含量超过 30 mg·L^{-1} 时应先把 0.4 g 硫酸汞加入回流锥形瓶中,再加 20.00 mL 水样摇匀。以下操作同"水样的测定"。若氯离子浓度较低,亦可少加硫酸汞,使保持硫酸汞与氯离子的质量比为 10:1。若出现少量氯化汞沉淀,并不影响测定。

(2)水样取用体积可在 10.00～50.00 mL 范围之间,但试剂用量及浓度需按表 3-4 进行相应调整,也可得到满意的结果。

表 3-4　水样取用量和试剂用量表

水样取用量　试剂用量	0.2500 mol·L^{-1} K$_2$Cr$_2$O$_7$ 溶液/(mL)	H$_2$SO$_4$ - AgSO$_4$ 溶液/(mL)	H$_2$SO$_4$ /(g)	[(NH$_4$)$_2$Fe(SO$_4$)$_2$] /(mol·L^{-1})	滴定前总体积 /(mL)
10.0	5.0	15	0.2	0.050	70
20.0	10.0	30	0.4	0.100	140
30.0	15.0	45	0.6	0.150	210
40.0	20.0	60	0.8	0.200	280
50.0	25.0	75	1.0	0.250	350

(3)对于化学需氧量小于 50 mg·L^{-1} 的水样,应改用 0.0250 mol·L^{-1} 的重铬酸钾标准溶液,回滴时用 0.01 mol·L^{-1} 硫酸亚铁铵标准溶液。

七、思考题

1. 回流时加入硫酸-硫酸银溶液的作用是什么?
2. 根据实验内容简述影响水样 COD 测定的因素有哪些?

实验 3.16　氯化物中氯含量的测定(莫尔法)

一、实验目的

(1)学习 AgNO$_3$ 标准溶液的配制与标定方法。
(2)掌握用莫尔法测定氯离子的方法。
(3)掌握铬酸钾指示剂的正确使用。

二、实验原理

生活用水、工业用水、环境水、药品、食品及某些可溶性氯化物中氯含量的测定可采用银量法测定,它是指生成银盐的沉淀反应,如

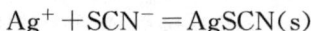

$$Ag^+ + Cl^- = AgCl(s)$$
$$Ag^+ + SCN^- = AgSCN(s)$$

以这类反应为基础的沉淀滴定方法称为银量法。银量法按指示剂的不同可分为莫尔法(以铬酸钾为指示剂)、佛尔哈德法(以铁铵矾为指示剂)和法扬司法(以吸附指示剂指示终点)。本实验采用莫尔法测定氯化物中氯含量。此法是在中性或弱碱性溶液中,以 K_2CrO_4 为指示剂,用 $AgNO_3$ 标准溶液进行滴定。由于 $AgCl$ 的溶解度比 Ag_2CrO_4 的小,因此在含有 Cl^-(或 Br^-)和 CrO_4^{2-} 溶液中,用 $AgNO_3$ 标准溶液进行滴定时,首先析出 $AgCl$ 沉淀。当 $AgCl$ 定量析出后,稍过量的 $AgNO_3$ 溶液即与 CrO_4^{2-} 生成砖红色 Ag_2CrO_4 沉淀,表示达到终点。其主要反应式如下:

$$Ag^+ + Cl^- = AgCl(白色) \quad Ksp = 1.8 \times 10^{-10}$$
$$2Ag^+ + CrO_4^{2-} = Ag_2CrO_4(砖红色) \quad Ksp = 2.0 \times 10^{-12}$$

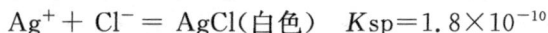

滴定必须在中性或弱碱性溶液中进行,最适宜的 pH 值范围为 6.5～10.5。若酸度过高,CrO_4^{2-} 将受酸效应影响浓度降低,使 Ag_2CrO_4 沉淀出现过迟,甚至不产生 Ag_2CrO_4 沉淀。若酸度过低,则形成 Ag_2O 沉淀。如有铵盐存在,溶液的 pH 值范围最好控制为 6.5～7.2。

指示剂的用量对滴定终点也有影响。在实际工作中,若 K_2CrO_4 的浓度太高,会干扰 Ag_2CrO_4 沉淀颜色的观察,影响终点的判断。因此,实际上加入 K_2CrO_4 的浓度以 5×10^{-3} mol·L^{-1} 为宜,可以认为不影响分析结果的准确度。如果溶液较稀,例如,以 0.01000 mol·L^{-1} $AgNO_3$ 溶液滴定 0.01000 mol·L^{-1} KCl 溶液,则终点误差将达 +0.6%,那就会影响分析结果的准确度。在这种情况下,通常需要校准指示剂的空白值。

凡是能与 Ag^+ 生成难溶化合物或配合物的阴离子都干扰测定,如 PO_4^{3-}、AsO_4^{3-}、SO_3^{2-}、S^{2-}、CO_3^{2-} 及 $C_2O_4^{2-}$ 等,大量 Cu^{2+}、Ni^{2+}、Co^{2+} 等有色离子将影响终点的观察。凡是能与 CrO_4^{2-} 生成难溶化合物的阳离子也干扰测定,如 Ba^{2+}、Pb^{2+}。

Al^{3+}、Fe^{3+}、Bi^{3+} 等高价金属离子,在中性或弱碱性溶液中易水解产生沉淀,也不应存在。若存在,改用佛尔哈德法测定氯含量。

三、仪器与试剂

1. 仪器

酸式滴定管(25 mL,棕色),容量瓶,移液管,量筒,锥形瓶,烧杯。

2. 试剂

NaCl 基准物质:在 500~600 ℃ 灼烧半小时后,置于干燥器中冷却,也可将 NaCl 置于带盖的瓷坩埚中加热,并不断搅拌,待爆炸声停止后,将坩埚放入干燥器中冷却后使用。

0.1 mol·L^{-1} AgNO$_3$ 溶液:将 8.5 g AgNO$_3$ 溶于 500 mL 不含 Cl$^-$ 的蒸馏水中,将溶液转入棕色试剂瓶中,摇匀后,置暗处保存,以防止见光分解。

5% K$_2$CrO$_4$ 溶液。

四、实验步骤

1. AgNO$_3$ 溶液的标定

准确称取 0.5~0.65 g NaCl 基准物质,置于小烧杯中,用蒸馏水溶解后,转入 100 mL 容量瓶中,加水稀释至刻度,摇匀。准确移取 25.00 mL NaCl 标准溶液置于锥形瓶中,加入 25 mL 蒸馏水、1 mL 5% K$_2$CrO$_4$ 溶液,在不断摇动下,用 AgNO$_3$ 溶液滴定至呈砖红色,即为终点。

2. 试样分析

准确称取 1.0 g NaCl 试样置于烧杯中,加水溶解后,转入 250 mL 容量瓶中,用水稀释至刻度,摇匀。准确移取 25.00 mL NaCl 试液置于锥形瓶中,加入 25 mL 蒸馏水、1 mL 5% K$_2$CrO$_4$ 溶液,在不断摇动下,用 AgNO$_3$ 溶液滴定至呈砖红色,即为终点,平行测定 3 份。

根据试样的质量和滴定中消耗的 AgNO$_3$ 标准溶液的体积计算试样中氯的质量分数,计算相对平均偏差。

五、数据记录与处理

自拟表格记录和计算。

六、注意事项

(1)本实验测定氯离子的方法中,溶液酸度的控制是关键。

（2）指示剂用量大小对测定有影响，必须定量加入。溶液较稀时，须作指示剂的空白校准，方法如下：取 1 mL K_2CrO_4 指示剂，加入适量水，然后加入无 Cl^- 的 $CaCO_3$ 固体（相当于滴定时 AgCl 的沉淀量），制成相似于实际滴定的混浊溶液。逐渐滴入 $AgNO_3$ 标准溶液，至与终点颜色相同为止，记录读数，从滴定试液所消耗的 $AgNO_3$ 标准溶液体积中扣除此读数。

（3）沉淀滴定中，为减少沉淀对被测离子的吸附，一般滴定的体积以大些为好，故需加水稀释试液。

（4）银为贵金属，含 AgCl 的废液应回收处理。

七、思考题

1. $AgNO_3$ 标准溶液应装在酸式滴定管还是碱式滴定管中？为什么？

2. 滴定中对指示剂 K_2CrO_4 的量是否要加以控制？为什么？

3. 配制 $AgNO_3$ 标准溶液的容器用自来水洗后，若不用蒸馏水洗，而直接用来配制 $AgNO_3$ 标准溶液，将会出现什么现象？为什么会出现该现象？

实验 3.17　沉淀滴定法测定调味品中氯化钠的含量

一、实验目的

掌握佛尔哈德法测定调味品中氯化钠含量的方法。

二、实验原理

佛尔哈德法原理为：在含氯化物的酸性溶液中，加入一定量 $AgNO_3$ 标准溶液，然后以铁铵矾作指示剂，用 NH_4SCN 标准溶液返滴定过量的 Ag^+，反应如下：

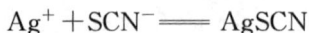

$$Ag^+ + Cl^- \Longrightarrow AgCl(s)$$

$$Ag^+ + SCN^- \Longrightarrow AgSCN$$

$$Fe^{3+} + SCN^- \Longrightarrow FeSCN^{2+}（红色）$$

生成红色的 $FeSCN^{2+}$ 配离子，指示到达终点。但是由于 AgSCN 溶解度小于 AgCl 的溶解度，所以过量的 SCN^- 将与 AgCl 发生反应，使 AgCl 沉淀转化为溶解度更小的 AgSCN，即

$$AgCl(s) + SCN^- \Longrightarrow AgSCN(s) + Cl^-$$

这样在溶液出现红色之后,随着不断地摇动溶液,红色逐渐消失,得不到正确的终点。

为了避免这种现象,可以采取两种措施。

(1)加入过量的 $AgNO_3$ 标准溶液后,将溶液煮沸,使 $AgCl$ 凝聚,过滤除去 $AgCl$ 沉淀,然后用 NH_4SCN 标准溶液滴定滤液中的过量的 Ag^+。

(2)加入过量的 $AgNO_3$ 标准溶液后,加一定的有机试剂,剧烈地摇动,使 $AgCl$ 沉淀覆盖一层有机溶剂,防止 $AgCl$ 转化。

三、试剂

(1)$0.05 \ mol \cdot L^{-1}$ NaCl 标准溶液的配制:准确称取 $0.7 \ g$ 左右 NaCl 基准试剂于小烧杯中,加水完全溶解后,定量转移到 $250.00 \ mL$ 容量瓶中,稀释至刻度。计算它的准确浓度。

(2)$0.05 \ mol \cdot L^{-1}$ $AgNO_3$ 溶液的配制:配制 $400 \ mL$ $AgNO_3$ 溶液放入棕色试剂瓶中。

(3)$0.05 \ mol \cdot L^{-1}$ NH_4SCN 溶液的配制:配制 $400 \ mL$ NH_4SCN 溶液放入试剂瓶中。

(4)$400 \ g \cdot L^{-1}$ $Fe(NH_4)(SO_4)_2$ 溶液。

(5)$4 \ mol \cdot L^{-1}$ HNO_3 溶液。

(6)5% $KMnO_4$ 溶液。

四、实验步骤

1. NH_4SCN 溶液和 $AgNO_3$ 溶液体积比测定

由滴定管放出 $20.00 \ mL$ $AgNO_3$ 溶液于 $250 \ mL$ 锥形瓶中,加入 $5 \ mL$ $4mol \cdot L^{-1}$ HNO_3 溶液和 $1 \ mL$ 铁铵矾指示剂。在剧烈摇动下用 NH_4SCN 溶液滴定,直至出现淡红色而且继续振荡不再消失,即为终点。记下所消耗的 NH_4SCN 溶液的体积。计算 $1 \ mL$ NH_4SCN 溶液相当于多少毫升 $AgNO_3$ 溶液。

2. 用标准 NaCl 溶液标定 NH_4SCN 和 $AgNO_3$ 溶液

用移液管移取 $25.00 \ mL$ NaCl 标准溶液于 $250 \ mL$ 锥形瓶中,加入 $5 \ mL$ $4mol \cdot L^{-1}$ HNO_3 溶液,用滴定管准确加入 $45.00 \ mL$ $AgNO_3$ 溶液,将溶液煮沸,过滤沉淀。洗涤沉淀与滤纸,洗涤液与滤液混合后加入 $1 \ mL$ 铁铵矾指示剂,用 NH_4SCN 溶液滴定。记录所消耗的 NH_4SCN 溶液的体积,计算 NH_4SCN 溶液和 $AgNO_3$ 溶液的浓度。

3. 样品中 NaCl 含量的测定

(1)酱油中 NaCl 含量的测定。用移液管移取酱油 10.00 mL 放入250.00 mL 容量瓶中,稀释至刻度。取该溶液 5.00 mL 放入 250 mL 锥形瓶中,加入 $0.05 \, mol \cdot L^{-1}$ $AgNO_3$ 溶液 25 mL,再加入 5 mL $4mol \cdot L^{-1}$ HNO_3 溶液和 10 mL H_2O。加热煮沸后逐滴加入 1 mL 5‰ $KMnO_4$ 溶液,此时溶液近无色。冷却后,将溶液中 AgCl 沉淀过滤,洗涤沉淀和滤纸,洗涤液与滤液混合于 250 mL 锥形瓶中,加入铁铵矾指示剂 1 mL。用 NH_4SCN 标准溶液滴定,记录达到终点时消耗的 NH_4SCN 标准溶液的体积。

从回滴用去的 NH_4SCN 标准溶液的量求出所消耗的 $AgNO_3$ 标准溶液的体积,由此计算样品中的 NaCl 含量。

(2)市售味精中 NaCl 含量的测定。自己设计一简单方法计算所需称取的样品(即味精)的量,样品的称量范围由滴定所消耗的滴定剂的体积在 $20 \sim 25$ mL 为目标推断、设定。然后准确称取于小烧杯中,完全溶解后定量转移到 250.00 mL 容量瓶中,稀释至刻度。取该溶液 5.00 mL,放入 250 mL 锥形瓶中,加入 $0.05 \, mol \cdot L^{-1}$ $AgNO_3$ 溶液 25.00 mL,再加入 5 mL HNO_3 和 4 mL H_2O 加热煮沸,冷却后,将溶液中 AgCl 沉淀过滤,洗涤沉淀和滤纸,洗涤液与滤液混合于 250 mL 锥形瓶中,加入铁铵矾指示剂 1 mL,用 NH_4SCN 标准溶液滴定,记录达到终点时消耗的 NH_4SCN 标准溶液的体积。

从返滴用去的 NH_4SCN 标准溶液的量求出所消耗的 $AgNO_3$ 标准溶液的体积,由此计算样品中的 NaCl 含量。

五、思考题

1. 为什么一定要加入 $AgNO_3$ 溶液后,再加 HNO_3 和 $KMnO_4$ 溶液对样品进行处理?

2. 应用佛尔哈德滴定法,为什么一般应在酸性条件下进行?

第4章　仪器分析实验

实验4.1　邻二氮杂菲分光光度法测定微量铁

一、实验目的

(1)学习分光光度法测定铁的条件实验,学会如何选择分光光度分析的条件。

(2)掌握邻二氮杂菲分光光度法测定铁的原理及方法。

(3)了解分光光度计的结构、性能及使用方法。

二、实验原理

邻二氮杂菲(简写为 phen)是测定微量铁的一种较好试剂。本实验提供了 Fe^{2+} 和 Fe^{3+} 共存溶液中 Fe^{2+} 和 Fe^{3+} 含量分别测定的方法,其原理是:亚铁离子在 pH2~9 的水溶液中与邻二氮杂菲生成稳定的橙红色配合物 $[Fe(phen)_3]^{2+}$,该红色配位化合物在 510 nm 处有最大吸收,$\lg K_{稳}=21.3(20℃)$,摩尔吸光系数 $\varepsilon_{510}=1.1\times10^4 \text{ L} \cdot \text{mol}^{-1} \cdot \text{cm}^{-1}$,可用来比色测定亚铁的含量。化学反应式如下:

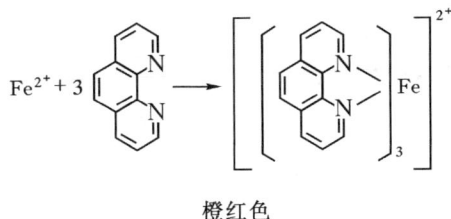

橙红色

Fe^{3+} 也能与邻二氮杂菲生成 3:1 的淡蓝色配合物,其 $\lg K_{稳}=14.1$。因此在显色前,应先用盐酸羟胺还原溶液中的 Fe^{3+},其反应为

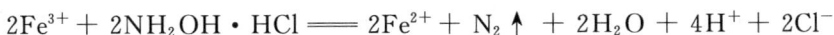

$$2Fe^{3+} + 2NH_2OH \cdot HCl = 2Fe^{2+} + N_2\uparrow + 2H_2O + 4H^+ + 2Cl^-$$

则可用此法测定体系中总铁的含量,进而求出高铁离子的含量。

溶液酸度对显色反应有影响。酸度高,显色反应速度慢;酸度过低则铁离子要水解,会影响显色反应。

本法的选择性很好,相当于铁含量 40 倍的 Sn^{2+}、Al^{3+}、Ca^{2+}、Mg^{2+}、Zn^{2+}、SiO_3^{2-},20 倍的 Cr^{3+}、Mn^{2+}、V^{5+}、PO_4^{3-},5 倍的 Co^{2+}、Cu^{2+} 等均不干扰测定。

分光光度法测定通常要研究吸收曲线、显色剂的浓度、有色溶液的稳定性、溶液的酸度、标准曲线的范围和配合物的组成等。此外,还要研究干扰物质的影响、反应温度、方法的适用范围等。

本实验中应注意试剂加入的顺序,以保持实验条件的一致性。

三、仪器与试剂

1. 仪器

722N 型分光光度计或其他型号的分光光度计。25 mL 或 50 mL 容量瓶 8 只。100 mL 容量瓶 2 只。25 mL 碱式滴定管一支。吸量管 1 mL 1 支,2 mL 1 支,5 mL 4 支。

2. 试剂

(1) 100 $\mu g \cdot mL^{-1}$ Fe 标准储备液。准确称取 0.8634 g 铁铵矾 $NH_4Fe(SO_4)_2 \cdot 12H_2O$ 于烧杯中,加入 20 mL 6 $mol \cdot L^{-1}$ HCl 和少量水,溶解后,定容于 1000 mL 容量瓶中。

(2)10 $\mu g \cdot mL^{-1}$ Fe 标准使用液。由 100 $\mu g \cdot mL^{-1}$ Fe 标准储备液用水准确稀释 10 倍而成。

(3)1.5 $g \cdot L^{-1}$ 邻二氮杂菲的乙醇-水溶液。

(4)100 $g \cdot L^{-1}$ 盐酸羟胺水溶液(此溶液只能稳定数日,需临用时配制)。

(5)1 $mol \cdot L^{-1}$ NaAc 溶液。

(6)2 $mol \cdot L^{-1}$ HCl 溶液。

(7)0.4 $mol \cdot L^{-1}$ NaOH 溶液。

四、实验步骤

1. 条件实验

(1)吸收曲线的测绘

用吸量管准确吸取 2.5 mL 10 $\mu g \cdot mL^{-1}$ 标准铁溶液于 25 mL 容量瓶中,加入 0.5 mL 100 $g \cdot L^{-1}$ 盐酸羟胺溶液,摇匀,加入 2.5 mL 1 $mol \cdot L^{-1}$ NaAc 溶液

和 1 mL 1.5 g·L^{-1}邻二氮杂菲溶液,以水稀释至刻度,摇匀。在分光光度计上,用 1 cm 的比色皿,采用试剂溶液为参比溶液,在 440~560 nm 间,每隔 10 nm 测定一次吸光度。以波长为横坐标,吸光度为纵坐标,绘出吸收曲线,从而选择测定铁的最大吸收波长。

(2)邻二氮杂菲-亚铁配合物有色溶液的稳定性试验

用上面的溶液继续进行测定,方法是在最大吸收波长(510 nm)处,每隔一定时间测定其吸光度,即在加入显色剂后立即测定一次吸光度,经 30、60、90、120 min 后,再各测一次吸光度,然后以时间 t 为横坐标,吸光度 A 为纵坐标绘制 $A-t$ 曲线。此曲线表示了该配合物的稳定性。

(3)显色剂浓度试验

在已编好号的 7 只 25 mL 的容量瓶中各加入 2.5 mL 10 μg·mL^{-1}标准铁溶液,100 g·L^{-1}盐酸羟胺溶液 0.5 mL,摇匀,经 2 min 后,再加入 2.5 mL 1 mol·L^{-1} NaAc 溶液,然后分别加入 0.15 mL、0.30 mL、0.50 mL、0.80 mL、1.00 mL、1.50 mL、2.00 mL 1.5 g·L^{-1}邻二氮杂菲溶液,以水稀释至刻度,摇匀。在分光光度计上,用 1 cm 的比色皿,以试剂溶液为参比,在最大吸收波长 510 nm 处测定相应的吸光度。以邻二氮杂菲溶液的体积 v 为横坐标,吸光度 A 为纵坐标,绘出 $A-V$ 曲线,从曲线上观察试剂用量的情况,从中找出显色剂的最适宜的加入量。

(4)溶液 pH 对配合物的影响

取 1 只 100 mL 容量瓶,加入 5.00 mL 100 μg·mL^{-1}标准铁溶液,加入 5 mL 2 mol·L^{-1} HCl 溶液及 10 mL 100 g·L^{-1}盐酸羟胺溶液,放置 2 min 后,加入 20 mL 1.5 g·L^{-1}邻二氮杂菲溶液,以纯水稀释至刻度,摇匀,备用。

取 7 只 25 mL 的容量瓶,编号,用吸量管分别准确吸取上述溶液各 5.00 mL加入其中,用碱式滴定管再分别加入 0.0 mL、1.0 mL、1.5 mL、2.0 mL、3.0 mL、4.0 mL 及 5.0 mL 0.4 mol·L^{-1} NaOH 溶液,以水稀释至刻度,摇匀,在分光光度计上,用 1 cm 的比色皿,采用蒸馏水为参比溶液,在最大吸收波长 510 nm 处测定吸光度。以 pH 为横坐标,吸光度 A 为纵坐标,绘出 $A-$pH 曲线,从曲线上观察酸度体系的情况,找出进行测定的适宜 pH 区间。

2. 铁含量的测定

(1)标准曲线的测绘

按表 4-1 配制 1#~6#溶液,用刻度移液管移取各溶液于 25 mL 容量瓶中,加水至刻度,摇匀,在最大的吸收波长 510 nm 下,用 1 cm 比色皿,以试剂空白 1#作参比溶液,分别测定其吸光度 A 值,并以铁含量为横坐标,相应的吸光度为纵坐标,绘出 $A - c_{Fe}$ 标准曲线。

(2)总铁的测定

按表 4-1 配制 7♯溶液,测出吸光度并从标准曲线上查得相应的总铁的含量。

(3)Fe^{2+} 的测定

按表 4-1 配制 8♯溶液,测出吸光度并从标准曲线上查得相应的亚铁含量。

表 4-1　标准曲线制作数据记录表

项目 实验编号	10 μg · mL^{-1} Fe^{3+} 标准溶液/mL	试样 /mL	盐酸羟胺 /mL	NaAc /mL	邻二氮杂菲 /mL	定容 /mL	吸光度 A	Fe^{2+} 的含量 /(mg · L^{-1})
1♯	0.00	0.00	0.5	2.5	1.0	25.0		
2♯	1.0	0.00	0.5	2.5	1.0	25.0		
3♯	2.0	0.00	0.5	2.5	1.0	25.0		
4♯	3.0	0.00	0.5	2.5	1.0	25.0		
5♯	4.0	0.00	0.5	2.5	1.0	25.0		
6♯	5.0	0.00	0.5	2.5	1.0	25.0		
7♯	0	5.0	0.5	2.5	1.0	25.0		
8♯	0	5.0	0.0	2.5	1.0	25.0		

五、数据记录及处理

将实验数据填入表 4-1 中,并计算样品中 Fe^{3+} 和 Fe^{2+} 的含量(mg · L^{-1})。

六、思考题

1. 测量吸光度时,为何选光源的波长为 510 nm?

2. 从实验测得的吸光度计算铁的含量的根据是什么? 如何求得?

3. 测定吸光度时,为什么要选择参比溶液? 选择参比液的原则是什么?

4. 实验中哪些试剂的加入量必须很准确? 哪些不必很准确?

5. 分光光度计测定时,一般读取吸光度值。该值取什么范围为好?

附　722N 型分光光度计操作规程

(1)仪器在使用前需预热 30 min,预热时打开样品室盖。

(2)调零。按 A/T/C/F 键,切换到 T 状态,打开样品室盖,按 ∇% 键后应显示 0.000。

（3）调 100％。按 $\boxed{\text{A/T/C/F}}$ 键，切换到 $\boxed{\nabla\%}$ 状态，关闭样品室盖，按键后应显示 100.0，此时再按 $\boxed{\text{A/T/C/F}}$ 键，切换到 A 状态，应显示 0.00。

（4）在比色皿中加入参比液，置样品室中，调到测试波长，按 2、3 步骤调零和调 100％，每换一次波长需重调零及 100％。

（5）在比色皿中加入测试液，置样品室中，按 $\boxed{\text{A/T/C/F}}$ 键，每按此键可切换读取 A（吸光值），T（透射比），C（浓度），F（斜率）的值。

（6）当仪器停止工作时，应关闭仪器电源开关，再切断电源。

（7）SD 键：当处于 F 状态时，具确定功能。

（8）$\boxed{\nabla\%}$ 中的 ∇ 键和 $\boxed{\triangle 100\%}$ 的 $\triangle$ 键，只有在 F 状态时有效，可调 F 的值。

实验 4.2　蛋白质的分光光度法测定

一、实验目的

（1）了解有机复合物的基本概况及在分析化学中的应用。

（2）掌握血清、蛋白质类样品的检测方法。

二、实验原理

蛋白质检测的最简单也是最常用的方法是将所有氮化物转化为氨态氮，而后用酸碱滴定法测定，目前奶制品、食品中蛋白质的检测多用此法。该法的致命弱点是无法判断氮化物的具体种类。不法之徒往往利用此检测方法的弱点，用铵盐假冒奶制品中的蛋白质。利用蛋白质能与某些有机化合物形成有特殊颜色的复合物的特点进行检测，能得到准确的检测结果。偶氮胂 M 是一种良好的光度分析显色剂，其结构为

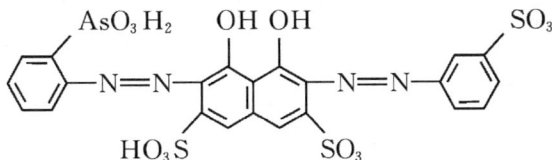

在 pH＝2.2～2.8 时，偶氮胂 M 能与蛋白质形成稳定的蓝色复合物，其最大吸收波长为 605 nm，显色反应的摩尔吸光系数 $\varepsilon_{605}=4.5\times10^{-5}$ L·mol^{-1}·cm^{-1}。

该显色反应的选择性很好,生物体内普遍存在的金属离子(K^+、Na^+、Ca^{2+}、Mg^{2+}、Cu^{2+}、Zn^{2+} 等)及其他维生素、肌苷、尿酸、葡萄糖等对蛋白质的测定没有影响,可以将样品粉碎、提取、过滤后直接进行分光光度法测定。

三、仪器与试剂

1. 仪器

普通分光光度计,比色皿(2.0 cm),酸度计,磁力加热搅拌器,高速匀浆器,高速离心机,100 mL 容量瓶,10 mL 比色管,2 mL 刻度移液管。

2. 试剂

蛋白质标准溶液(约 1 g·L^{-1},视样品情况而定),5.0×10^{-4} mol·L^{-1}偶氮胂 M 水溶液,5.0×10^{-3} mol·L^{-1} KH_2PO_4 溶液,1% NaCl 溶液,0.05% 乳化剂 OP 水溶液,pH 2.5 的乳酸-乳酸钠缓冲溶液。

四、实验步骤

称取 25 g 干花生,用 5.0×10^{-3} mol·L^{-1} 的 KH_2PO_4 和 1% NaCl 的 pH 7.2 的溶液在室温下浸泡 4~8 h(溶液加至刚好淹没全部花生仁,再过量 20 mL 左右)。用匀浆机匀浆,浆液于 4℃ 下静置过夜。用 3 层纱布过滤,并用 30 mL pH7.2 缓冲溶液分多次洗涤滤渣,以水稀释滤液至 100 mL。取适量滤液在 1200 r·min^{-1}转速下离心 20 min,清液在 4℃ 下保存。

取 5 支比色管,按表 4-2 配制待测溶液,稀释至 10.0 mL,摇匀,放置 15 min,以 1 号为参比在 605 nm 处测定吸光度。以 2、3、4、5 号溶液的吸光度值对标准溶液浓度作图,得一直线,延长此直线与横轴相交,交点的绝对值即为所测样品中蛋白质的含量。

表 4-2 蛋白质含量测定

项目＼编号	1	2	3	4	5
乳酸缓冲溶液/mL	2.00	2.00	2.00	2.00	2.00
乳化剂 OP/mL	1.00	1.00	1.00	1.00	1.00
偶氮胂 M/mL	0.80	0.80	0.80	0.80	0.80
样品清液/mL	0	0.50	0.50	0.50	0.50
蛋白质标准溶液/mL	0	0	0.20	0.40	0.60
吸光度 A					

1. 蛋白质如何分类?
2. 测定蛋白质含量的方法还有哪些?

实验4.3　分光光度法测定废水中磷含量

一、实验目的

(1)掌握分光光度法测磷的原理和方法。
(2)进一步掌握分光光度计的使用方法。

二、实验原理

样品中的微量磷测定通常利用其与钼酸根生成黄色磷钼酸的反应,反应方程式如下

$$PO_4^{3-} + 12MoO_4^{2-} + 27H^+ === H_3[P(MO_3O_{10})_4]+12H_2O$$

若以此直接进行比色分析或分光光度法测定,灵敏度较低,适合含量较高试样的分析。如果在酸性条件下,在上述溶液中加入还原剂抗坏血酸或$SnCl_2$,使磷钼酸中部分六价钼还原成为低价的蓝色配合物-钼蓝,将提高测定方法的灵敏度,还可消除Fe^{3+}干扰。显色后的体系可在690 nm处测定其吸光度,钼蓝颜色的深浅与磷含量成正比。磷的含量在$0.05\sim2.0\ \mu g \cdot mL^{-1}$时符合朗伯-比尔定律。

最常用的还原剂有$SnCl_2$和抗坏血酸,用$SnCl_2$为还原剂,反应灵敏度高,反应速度快,但蓝色稳定性差,对酸度、试剂的浓度控制要求比较严格,抗坏血酸的主要优点是显色较稳定,反应的灵敏度高,干扰小,反应要求的酸度范围宽,但反应速率慢。本实验采用$SnCl_2$方法。

该方法适用于磷酸盐的测定,还可适用于废水、环境、磷肥等全磷的分析。

三、仪器与试剂

1. 仪器

722N分光光度计,50 mL比色管,刻度移液管。

2. 试剂

(1)钼酸铵-硫酸溶液:溶解25 g钼酸铵于200 mL蒸馏水中,另将280 mL

液 H_2SO_4 加入 400 mL H_2O 中。冷却后,将钼酸铵水溶液加到硫酸溶液中,再用蒸馏水稀释至 1000 mL,储存于棕色瓶中。

(2)2.5‰氯化亚锡甘油溶液:溶解 2.5g $SnCl_2 \cdot 2H_2O$ 于 100 mL 甘油中,溶液可稳定数周。

(3)5 $\mu g \cdot mL^{-1}$磷标准溶液:溶解 0.2195 g 经 105℃ 干燥的 K_2HPO_4(分析纯)并定容于 1000 mL 容量瓶中,得浓度为 50 $\mu g \cdot mL^{-1}$ 的储备液。

(4)5 $\mu g \cdot mL^{-1}$磷标准溶液:将储备液稀释 10 倍(此溶液现用现配)。

四、实验步骤

1. 废水试样处理

吸取 10.0 mL 水样(PO_4^{3-} 不高于 0.10mg,否则水样可少取)于 100 mL 的凯式瓶中,加 3 mL 浓硫酸及数粒玻璃珠,加热消解至透明。冷却后,用浓氨水中和消化液至中性,将中和后的消化液转移入 50 mL 的容量瓶中,用水稀释至刻度。

2. 工作曲线的绘制

按表 4-3 要求分别配制系列标准溶液 6 份(1-6 号)于 50 mL 比色管中。用水稀释至刻度,充分摇匀,静置 10~12 min,用 1 cm 比色皿于波长 690 nm 处测定各自的吸光度。然后以磷的微克数为横坐标,相应的吸光度为纵坐标,绘制标准曲线。

3. 试液中磷含量的测定

取 10 mL 处理后的试样溶液于 50 mL 的比色管中,按表 4-3 配制 7 号溶液,在与标准溶液相同条件下显色,并测定其吸光度。从标准曲线上查出废水中相应磷的含量,并计算原试液的质量浓度。

表 4-3 磷的工作曲线及试液中磷含量的测定

比色管编号 项目	1	2	3	4	5	6	7
磷标准溶液体积/mL	0.00	2.00	4.00	6.00	8.00	10.00	0.00
磷试液体积/mL	0.00	0.00	0.00	0.00	0.00	0.00	10.00
蒸馏水体积/mL	25.00	23.00	21.00	19.00	17.00	15.00	15.00
$(NH_4)_2MoO_4 - H_2SO_4$ 体积/mL	2.50	2.50	2.50	2.50	2.50	2.50	2.50
加 $SnCl_2$ 甘油滴数	4	4	4	4	4	4	4

五、数据记录及处理

比色管编号 项目	1	2	3	4	5	6	7
磷含量/$(\mu g \cdot mL^{-1})$							
吸光度 A							

原试液中含磷量 $\rho_P = $ _____ $\mu g \cdot mL^{-1}$。

六、思考题

1. 在测定废水中磷时,废水试样为什么要进行消化?
2. 氯化亚锡溶液放置过久,对实验有什么影响?加入甘油有什么作用?

实验 4.4　紫外分光光度法同时测定维生素 C 和维生素 E

一、实验目的

(1)掌握紫外可见分光光度计的使用。
(2)学会用解联立方程组的方法,定量测定吸收曲线相互重叠的二元混合物。

二、实验原理

根据朗伯-比尔定律,用紫外-可见分光光度法很容易定量测定在此光谱区内有吸收的单一成分。当测定两组分并且它们的吸收峰大部分重叠时,则宜采用解联立方程组或双波长法等方法进行测定。

解联立方程组的方法是以朗伯-比尔定律及吸光度的加合性为基础,同时测定吸收光谱曲线相互重叠的二元组分的一种方法。

从图 4-1 可以看出,混合组分在 λ_1 的吸收等于 A 组分和 B 组分分别在 λ_1 的吸光度之和,$A_{\lambda_1}^{A+B}$,即

$$A_{\lambda_1}^{A+B} = \varepsilon_{\lambda_1}^{A} b c^{A} + \varepsilon_{\lambda_1}^{B} b c^{B}$$

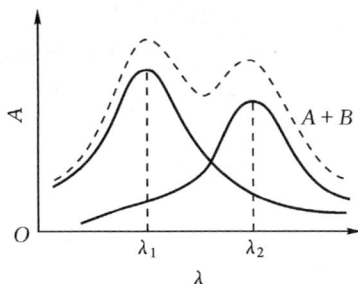

图 4-1　混合物的紫外吸收峰

同理,混合组分在 λ_2 的吸光度之和 $A_{\lambda_2}^{A+B}$ 应为

$$A_{\lambda_2}^{A+B} = \varepsilon_{\lambda_2}^A bc^A + \varepsilon_{\lambda_2}^B bc^B$$

若首先用 A、B 组分的标准样品,分别测得 A、B 两组分在 λ_1 和 λ_2 处的摩尔吸收系数 $\varepsilon_{\lambda_1}^A$,$\varepsilon_{\lambda_2}^A$ 和 $\varepsilon_{\lambda_1}^B$,$\varepsilon_{\lambda_2}^B$,当测得未知试样在 λ_1 和 λ_2 处的吸光度 $A_{\lambda_1}^{A+B}$ 和 $A_{\lambda_2}^{A+B}$ 后,解下列二元一次方程组

$$\begin{cases} A_{\lambda_1}^{A+B} = \varepsilon_{\lambda_1}^A bc^A + \varepsilon_{\lambda_1}^B bc^B \\ A_{\lambda_2}^{A+B} = \varepsilon_{\lambda_2}^A bc^A + \varepsilon_{\lambda_2}^B bc^B \end{cases}$$

即可求得 A、B 两组分各自的浓度 c^A 和 c^B。

一般来说,为了提高检测的灵敏度,λ_1 和 λ_2 宜分别选择在 A、B 两组分最大吸收峰处。

维生素 C(抗坏血酸)称为水溶性维生素,维生素 E(α-生育酚)称为脂溶性维生素。维生素 C 和维生素 E 起抗氧剂作用,两者结合在一起的效果超过单独使用的,因为它们在抗氧剂性能方面是"协同的",由于这个原因,它们对于防护各种食品是一种有效的组合试剂。

维生素 C 和维生素 E 都能溶解于无水乙醇,从而能够在紫外区测定它们,但它们的紫外吸收光谱吸收峰有大部分重叠,因此宜采用解联立方程组的方法进行测定,因为维生素 C 会缓慢地氧化成为脱氢抗坏血酸,所以必须每天制备新鲜的溶液,而维生素 E 则比较稳定,可用较长的时间。

三、仪器与试剂

1. 仪器

岛津 UV2450 紫外-可见分光光度计,石英比色皿 2 只,25 mL 容量瓶 9 只,100 mL 容量瓶 2 只(供标准溶液用),5 mL 吸量管 3 支。

2. 试剂

维生素 C 储备液:0.0132 g·L⁻¹ 的无水乙醇溶液。

维生素 E 储备液:0.0488 g·L⁻¹ 的无水乙醇溶液。

样品溶液:无水乙醇中含有维生素 C 和维生素 E 溶液,无水乙醇。

四、实验步骤

(1)制备维生素 C 标准系列溶液。分别移取维生素 C 储备液 2.00 mL、3.00 mL、4.00 mL 和 5.00 mL 于 25 mL 容量瓶中,用无水乙醇稀释至刻度。

(2)制备维生素 E 标准系列溶液。分别移取 2.00 mL、3.00 mL、4.00 mL 和

5.00 mL 维生素 E 储备液用无水乙醇溶液稀释至 25 mL。

（3）以无水乙醇作为参比，测得 4 种浓度维生素 C 和 4 种浓度维生素 E 溶液在 320～220 nm 的吸收光谱图，并确定 λ_1、λ_2 和在 λ_1、λ_2 上的吸光度。（λ_1、λ_2 为维生素 C 和维生素 E 的最大吸收波长。）

（4）取未知液 2.50 mL 于 25 mL 容量瓶中，用无水乙醇稀释至刻度，摇匀。在 λ_1 和 λ_2 处分别测其吸光度。

五、结果与讨论

（1）绘制维生素 C 和维生素 E 的吸收光谱图。确定 λ_1 和 λ_2。

（2）绘制维生素 C 和维生素 E 在 λ_1 和 λ_2 处的以吸光度对浓度作图的标准曲线。由标准曲线图确定曲线的斜率，计算每一种溶液在每个波长时的摩尔吸光系数 $\varepsilon_{\lambda_1}^A$，$\varepsilon_{\lambda_2}^A$ 和 $\varepsilon_{\lambda_1}^B$，$\varepsilon_{\lambda_2}^B$。

（3）计算未知物中维生素 C 和维生素 E 的浓度。

六、思考题

1. 写出维生素 C 和维生素 E 的分子结构。解释为什么一个是水溶性维生素，另一个是脂溶性维生素？为什么它们都有紫外吸收？

2. 分光光度法中，两组分同时测定时，如何选择测定波长 λ_1 和 λ_2？

3. 讨论应用这种方法测定橘汁、红莓汁、菠菜以及维生素 C 药片中维生素 C 的含量的可能性。

附　岛津 UV－2450 紫外-可见分光光度计操作规程

（1）打开仪器主机电源，再启动电脑。

（2）点击电脑中的紫外分光光度计图标，启动紫外可见分光光度计。

（3）点击界面工具栏中的"连接"按钮，仪器进行自检，自检通过后按"确定"按钮。

（4）在窗口栏中选择测量方式，创建测定方法，选择［编辑］—［方法］，打开"光度测定方法向导"。

①置测定波长—然后选择"点"，表示在固定波长点测定样品。选择"范围"，表示在设置的波长范围内测量样品光谱的峰、谷、最大、最小或面积。

②设置方法创建校准曲线。

③输入文件的名称和信息。

（5）输入样品信息：在对话框中输入样品的 ID 和浓度。

(6)测定:在样品室中放入样品。在标准样品测量时点击"标准表",在未知样品测量时点击"样品表"。

(7)测量完成后,保存图谱,关机。

实验 4.5　废水中蒽、菲的定性检出

一、实验目的

学习用简单的紫外分光光度法进行未知物的初步鉴定。

二、实验原理

紫外可见分光光度法能够提供未知物分子中生色团和共轭体系的信息,因此适用于不饱和有机化合物,尤其是共轭体系的鉴定,以此推断未知物的骨架结构。应该指出,分子或离子对紫外光的吸收只是它们含有的生色基团和助色团的特征,而不是整个分子或离子的特征。因此只靠一个紫外光谱来确定一个未知物的结构是不现实的,还要配合红外光谱、核磁共振波谱、质谱等进行综合分析。由于紫外-可见分光光度计价格便宜、操作简单,在定性分析中仍然是一种常用的辅助方法。

本实验利用了蒽、菲在紫外区的特征吸收峰对其进行定性鉴定,如图 4-2 所示。在 293 nm 和 251 nm 处菲有两个非常尖锐的特征吸收峰,其他波长处的峰均不明显,而且在 251 nm 的吸收强度远大于 293 nm 处的强度,这是菲定性的

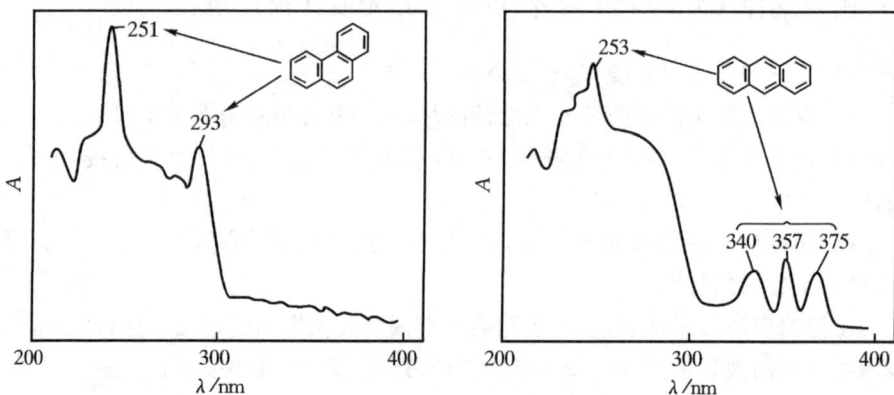

(a)菲的紫外吸收光谱　　　　　　　　(b)蒽的紫外吸收光谱

图 4-2　菲和蒽的紫外吸收光谱

依据。而蒽在 253 nm 处有较强的尖锐吸收峰,在 340 nm、357 nm、375 nm 处还有三个较弱的吸收峰,这是蒽定性的基础。

如果两者同时存在时,251 nm 处的菲峰便不可作为菲的检出依据,因为此波长段蒽也有很强的吸收,所以只能以 293 nm 处的吸收峰为检出菲的依据,而且还要注意到 $A_{251} > A_{293}$。对于蒽的检出,当菲存在时,253 nm 处的吸收峰显得无能为力,只有从 340 nm、357 nm、375 nm 处的三个弱峰进行综合考虑。

三、仪器与试剂

1. 仪器

10 mL 的比色管,岛津 UV – 2450 型紫外-可见分光光度计或其他型号的紫外-可见分光光度计。

2. 试剂

200 μg·mL^{-1} 蒽标准甲醇溶液,200 μg·mL^{-1} 菲标准甲醇溶液,未知液 1,未知液 2。

四、实验步骤

(1)标准图谱的绘制。在 220～400 nm 范围内,用 1 cm 比色皿,甲醇为空白,分别扫描蒽、菲的标准谱图。

(2)蒽、菲混合图谱的绘制。分别绘制蒽、菲为 1∶1、1∶2、2∶1 的混合物谱图。

(3)分别绘制未知液 1、2 的图谱,并与标准谱图进行对照分析。

五、实验数据及结果

(1)判断未知液中菲、蒽的存在与否。

(2)判断未知液中除菲、蒽外,有无其他物质。

六、注意事项

注意岛津 UV – 2450 型紫外-可见分光光度计的使用方法。

七、思考题

(1)紫外-可见光度法作为定性分析的基础主要鉴定哪些物质?

(2)紫外-可见光度法作为定性分析工具其最大缺点是什么?

实验 4.6 溶液 pH 的电位法测定

一、实验目的

(1)了解电位法测定溶液 pH 值的原理。

(2)掌握用 pH 计测定溶液 pH 的方法。

二、实验原理

酸度计(或称 pH 计)实质是一台具有高输入阻抗的毫伏计,除主要用于测量水溶液的酸度(即 pH 值)外,还可用于测量多种电极的电极电势,也可用于电位滴定。它是电位分析中的主要仪器。酸度计主要是由参比电极(甘汞电极)、测量电极(玻璃电极、复合电极)和精密电位计三个部分组成。饱和甘汞电极由金属汞、Hg_2Cl_2 和饱和 KCl 溶液组成,甘汞电极的电极电势不随溶液 pH 值的变化而变化,在一定温度下有一定值。25℃时饱和甘汞电极的电势为 0.245 V。玻璃电极的电极电势随溶液 pH 值的变化而变化。它的主要部分是头部的球泡,这是由特殊的敏感玻璃薄膜构成的。薄膜对 H^+ 较敏感,当它浸入被测溶液时,被测溶液的 H^+ 与玻璃电极的球泡表面的水化层进行离子交换,球泡内层也同样产生电极电势。由于内层 H^+ 浓度不变,而外层 H^+ 浓度在变化,因此内外层的电势差也在变化,所以该电极电势随待测溶液的 pH 值不同而改变。为了省去计算过程,酸度计把测得的电池电动势直接用 pH 刻度值表示出来。因而从酸度计上可以直接读出溶液的 pH 值。

三、仪器与试剂

1. 仪器

PHS-3C 型酸度计,玻璃电极,饱和甘汞电极或复合电极。

2. 试剂

标准缓冲溶液 A(0.05 mol·L^{-1} 邻苯二甲酸氢钾标准缓冲溶液):称取在 115±5℃干燥 2~3 h 的邻苯二甲酸氢钾 10.12 g,溶于蒸馏水,并稀释至 1 L。

标准缓冲溶液 B(0.025 mol·L^{-1} 混合磷酸盐标准缓冲溶液):分别称取在 115±5℃ 干燥 2~3 h 的磷酸氢二钠(Na_2HPO_4)3.533 g 和磷酸二氢钾(KH_2PO_4)3.387 g,溶于预先煮沸过 15~30 min 的冷却蒸馏水,并稀释至 1 L。

标准缓冲溶液 C($0.01 \text{ mol} \cdot \text{L}^{-1}$硼砂标准缓冲溶液)：称取硼砂($Na_2B_4O_7 \cdot 10H_2O$)3.80 g(注意：不能烘烤,称量前试剂应放在以蔗糖和 NaCl 饱和溶液为干燥剂的保干器中平衡数天,使其组成恒定),溶于预先煮沸过 $15\sim30 \text{ min}$ 的冷却蒸馏水,并稀释至 1 L,装在聚乙烯塑料瓶中密闭保存。

标准缓冲溶液一般可保存使用 $2\sim3$ 个月。但发现有混浊、发霉、沉淀等现象时,不能继续使用。标准缓冲溶液的 pH 值随温度不同而稍有差异,其数值变化如表 4-4。

表 4-4   标准缓冲溶液的 pH 值

温度/℃ 　　　　缓冲溶液	邻苯二甲酸氢钾标准缓冲溶液	混合磷酸盐标准缓冲溶液	硼砂标准缓冲溶液
0	4.01	6.98	9.46
5	4.00	6.95	9.39
10	4.00	6.92	9.33
15	4.00	6.90	9.28
20	4.00	6.88	9.23
25	4.00	6.86	9.18
30	4.01	6.85	9.14
35	4.02	6.84	9.10
40	4.03	6.84	9.07

四、实验步骤

1. 仪器使用前准备

(1)仪器各调节器应能正常调节。

(2)将玻璃电极、甘汞电极插在塑料电极夹上,把电极夹装在电极立杆上。玻璃电极插头插入电极插口上,甘汞电极引线连接在接线柱上(甘汞电极使用时,把电极上的小橡皮塞及下端橡皮套拔去,在不用时,应把橡皮套套在下端)。

2. 仪器校正

(1)二点校正法

①将仪器电源插头接入 220 V 交流电源,按下电源按钮,预热 30 min,将选择开关置 pH 档,"斜率"旋钮按顺时针方向旋到底(100%处),"温度"旋钮置所选标准缓冲溶液的温度。

②把电极用蒸馏水洗净，并用滤纸吸干。将电极浸入标准缓冲溶液 B 中，待示值稳定后，调节"定位"旋钮，使仪器指示值为该标准缓冲溶液在额定温度下的标准 pH 值(可参考表 4－4)。

③将电极从标准缓冲溶液中 B 中取出，用蒸馏水洗净，并用滤纸吸干，根据待测 pH 值的样品溶液的酸碱性来选择用标准缓冲溶液 A 或标准缓冲溶液 C。把电极放入标准缓冲溶液中，待示值稳定后，调"斜率"旋钮使仪器示值为该标准缓冲溶液在额定温度下的标准 pH 值。

④如测量精度要求较高，可按②、③重复操作数次，完成仪器校准。

(2)简易校正法：如测量精度要求不高时，可用此法。

①将仪器"斜率"旋钮旋至 100％(顺时针旋到底)。

②用与被测液 pH 值相近的缓冲溶液直接校正。例如测量 pH 值为 3～5 的溶液时，可用标准缓冲溶液 A 校正。将电极浸入选定的标准缓冲溶液中，示值稳定后，用"定位"旋钮调至该标准缓冲溶液在额定温度下的标准 pH 值即可。

3. 样品(未知)溶液 pH 值的测量

经校正后，仪器即可进行样品(未知)溶液 pH 值的测量。在测量前，先将电极用蒸馏水洗净，并用滤纸吸干。然后将电极放入样品(未知)溶液，此时所显示值，即为样品的 pH 值(注意，此时"温度"旋钮应置于样品溶液温度，其他旋钮不能再动，否则需要重新校正)。

五、注意事项

(1)玻璃电极下端的玻璃球很薄，使用时应当小心，切忌与硬物接触。

(2)玻璃电极使用前，应把玻璃球部位浸泡在蒸馏水中至少一昼夜。若在 50℃蒸馏水中保温 2 h，冷却至室温后可当天使用。不用时也最好浸泡在蒸馏水中，供下次使用。

(3)玻璃电极测定碱性溶液时，应尽量快测，对于 pH＞9 的溶液的测定，应使用高碱玻璃电极。在测定胶体溶液、蛋白质或染料溶液后，玻璃电极宜用棉花或软纸沾乙醚小心地轻轻擦拭，然后用酒精洗，最后用水洗。电极若沾有油污，应先浸入酒精中，其次移置于乙醚或四氯化碳中，然后再移至酒精中，最后用水洗。

(4)使用甘汞电极时，注意 KCl 溶液应浸没内部的小玻璃管下端，且在弯管内不得有气泡将溶液隔断。不使用时，要用橡皮套把下端毛细管套住，存放于电极盒内。

(5)甘汞电极内装饱和 KCl 溶液，并应有少许 KCl 结晶存在。注意不要使饱和 KCl 溶液放干，以防电极损坏。

(6)安装电极时,应使甘汞电极下端较玻璃电极下端稍低约 2~3 mm,以防玻璃电极碰触杯底而破损。

(7)校准仪器时应尽量选择与被测溶液 pH 接近的标准缓冲溶液,pH 相差不应超过 3 个单位。校准仪器的标准溶液与被测溶液的温度相差不应大于 1℃。

(8)每次测试后,都要用蒸馏水冲洗电极,用干滤纸小心地吸干后再进行下一次测量。

六、思考题

1. 测 pH 值时,为什么要用 pH 标准缓冲溶液校准仪器?

2. 玻璃电极在使用前,为何要在水中浸泡?

实验 4.7　离子选择性电极法测定水中氟离子

一、实验目的

(1)了解电位分析法的基本原理。

(2)掌握电位分析法的操作过程。

(3)掌握用标准曲线法测定水中微量氟离子的方法。

(4)了解总离子强度调节液的意义和作用。

二、实验原理

氟的含量是环境监测中一个重要指标。氟化物的人工污染来源为矿山开采及金属冶炼,工业生产如炼铝、玻璃、陶瓷、钢铁、磷肥、搪瓷等的废水废气。水中氟离子浓度超过 $1.5 m g \cdot L^{-1}$ 时,可发生氟中毒。另一方面,饮水中含氟量低于 $0.5 m g \cdot L^{-1}$,会增加患龋齿的几率。

一般氟测定最方便、灵敏的方法是氟离子选择电极。氟离子选择电极的敏感膜由 LaF_3 单晶片制成,为改善导电性能,晶体中还掺杂了少量 $0.1\%\sim 0.5\%$ 的 EuF_2 和 $1\%\sim 5\%$ 的 CaF_2。膜导电由离子半径较小、带电荷较少的晶体离子氟离子来担任。Eu^{2+}、Ca^{2+} 代替了晶格点阵中的 La^{3+},形成了较多空位的氟离子点阵,降低了晶体膜的电阻。

将氟离子选择电极插入待测溶液中,待测离子可以吸附在膜表面,它与膜上相同离子交换,并通过扩散进入膜相。膜相中存在的晶体缺陷,产生的离子也可

以扩散进入溶液相,这样在晶体膜与溶液界面上建立了双电层结构,产生相界电位,氟离子活度的变化符合能斯特方程:

$$E = k - \frac{2.303RT}{F}\lg a_{F^-}$$

氟离子选择电极对氟离子有良好的选择性,一般阴离子,除 OH^- 外,均不干扰电极对氟离子的响应。氟离子选择电极的适宜 pH 范围为 5~7。一般氟离子电极的测定范围为 10^{-6}~10^{-1} mol·L^{-1}。水中氟离子浓度一般为 10^{-5} mol·L^{-1}。

在测定中为了将活度和浓度联系起来,必须控制离子强度,为此,应该加入惰性电解质(如 KNO_3)。一般将含有惰性电解质的溶液称为总离子强度调节液(total ionic strength adjustment buffer,TISAB)。对氟离子选择电极来说,它由 KNO_3、NaAc – HAc 缓冲液、柠檬酸钾组成,控制 pH 为 5.5。

离子选择电极的测定体系由离子选择电极和参比电极构成(图 4 – 3)。用离子选择电极测定离子浓度有两种基本方法。方法一:标准曲线法。先测定已知离子浓度的标准溶液的电位 E,以电位 E 对 lgc 作一工作曲线,由测得的未知样品的电位值,在 E–lgc 曲线上求出分析物的浓度。方法二:标准加入法。首先测定待分析物的电位 E1,然后加入已知浓度的分析物,记录电位 E2,通过能斯特方程,由电位 E1 和 E2 可以求出待分析物的浓度。本实验测定氟离子采用标准曲线法。

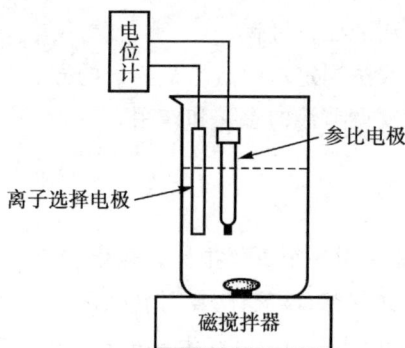

图 4 – 3　氟离子选择电极分析装置

三、仪器与试剂

1. 仪器

氟离子选择电极一支,饱和甘汞电极一支,PHS – 3 型酸度计,78 – 1 型电磁搅拌器一台,100 mL 塑料烧杯 10 个,50 mL 容量瓶 10 个,25 mL 移液管、10 mL

移液管,1 mL 和 10 mL 有分刻度的移液管各一支,100 mL 容量瓶一个。

2. 试剂

NaF(基准试剂),KNO₃(分析纯),NaAc(分析纯),HAc(分析纯),柠檬酸(分析纯),NaOH(分析纯)。

氟标准溶液 1 g·L⁻¹:称取于 120℃ 干燥 2h 并冷却的 NaF 2.21 g 溶于去离子水中,而后转移至 1 000 mL 容量瓶中,稀释至刻度,摇匀,保存在聚乙烯塑料瓶中备用。

氟标准溶液 10 m g·L⁻¹:移取 1 g·L⁻¹ 氟离子标准溶液 1 mL 稀释到 100 mL。实验前随配随用,用完倒掉洗净容量瓶。

TISAB 溶液:在 1000 mL 烧杯中加入 500 mL 去离子水,再加入 57 mL 冰醋酸、58 g NaCl、12 g 柠檬酸钠,搅拌使之溶解,然后缓慢加入 6 mol·L⁻¹ NaOH 溶液,直至 pH 在 5.0~5.5 之间(约 125 mL,用精密试纸检查),冷至室温,转移溶液到 1000 mL 容量瓶中,用去离子水稀释到刻度,摇匀,备用。

四、实验步骤

1. 氟离子电极的准备

氟离子电极在使用前,宜在纯水中浸泡数小时或过夜,或在 10⁻³ mol·L⁻¹ NaF 溶液中浸泡 1~2 h,再用去离子水洗到空白电位为 300 mV 左右。电极晶片勿与坚硬物碰擦,晶片上如有油污,用脱脂棉依次以酒精、丙酮轻拭,再用去离子水洗净。连续使用期间的间隙内,可浸泡在水中,长期不用,则风干后保存。

2. 预热仪器

预热仪器约 30 min,接入氟电极与参比电极。

3. 标准曲线法测氟离子浓度

(1)氟离子标准溶液的配制

用吸量管分别吸取含 F⁻ 为 100 m g·L⁻¹ 的标准溶液 0.00 mL,0.50 mL, 1.00 mL,2.00 mL,4.00 mL,6.00 mL,10.00 mL,分别放入 50 mL 容量瓶中,再分别移取 10.0 mL 的 TISAB 溶液于上述容量瓶中,用去离子水稀释至刻度,摇匀,即得到氟离子标准溶液系列。

(2)将标准系列溶液由低浓度到高浓度依次转入塑料烧杯中,放入磁搅拌子,插入氟电极和参比电极,搅拌 2 min,静置 1 min,待电位稳定后读数,记录电位值 E。以测得的毫伏数为纵坐标,以 $\lg c_{F^-}$ 为横坐标做标准曲线。

(3)水中 F⁻ 浓度的测定。准确量取 25.00 mL 自来水于 50 mL 容量瓶中,再分别移取 10.00 mL 的 TISAB 溶液于上述容量瓶中,用去离子水稀释至刻度,摇匀。与标准曲线相同的条件下测定电位,平行做 3 次。

五、实验数据及结果

(1)绘制氟离子标准溶液的电位 $E-\lg c$ 曲线。

(2)根据测得的自来水的电位值,由标准曲线求出氟离子浓度,再换算成自来水中的含氟量,最后氟离子含量以 $mg \cdot L^{-1}$ 表示。

六、注意事项

(1)电极在使用前应按要求进行活化,洗涤。电极的敏感膜应保持清洁和完好,切勿沾污或受到机械损伤。

(2)固态膜电极钝化后,用 M5(0.6)#金相砂纸抛光,一般可恢复原来的性能。

(3)测定时应按溶液从稀到浓的次序进行。每测试完一个溶液后,用去离子水清洗氟离子选择电极。在浓溶液中测定后应立即用去离子水将电极清洗到空白值,再测定稀溶液,否则将严重影响电极寿命和测量准确度(有迟滞效应)。电极也不宜在浓溶液中长时间浸泡,以免影响检出下限。

(4)电极使用后,应清洗至其电位为空白电位值,浸泡在去离子水中,长期不用则擦干按要求保存。

七、思考题

1. 为什么要从稀到浓测定电位?可以反过来测吗?

2. 为什么不能用玻璃烧杯?

3. 总离子强度缓冲溶液中各组分作用是什么?可不可以不加?

附 PHS-3 型酸度计使用方法

(1)接上电源,放开测量开关,按下"mV"键,仪器予热 30 min。

(2)调节"零点"调节器,使读数在 ± 0000 之间。

(3)接上离子选择性电极(接负极)和饱和甘汞电极(接正极),用蒸馏水冲洗电极,用滤纸吸干。

(4)电极插入被测溶液内,开动搅拌器,将溶液搅拌均匀。

(5)按下测量开关,即可读电位值 E,并自动显示极性。

实验 4.8 电位滴定法测定混合碱

一、实验目的

(1)掌握电位滴定法的原理及数据处理方法。

(2)学会使用自动电位滴定仪。

二、实验原理

电位分析法分为直接电位法和电位滴定法。电位滴定法是利用电极电势的变化来确定终点的容量分析方法,测定的是物质的总量。电位滴定法与指示剂滴定法相比,基本过程一致,从消耗的滴定剂的体积及其浓度来计算待测物质的含量。其主要区别在于确定终点方法的不同,电位滴定是根据滴定过程中电极电势的"突跃"代替指示剂指示终点的到达。电位滴定终点的确定并不需要知道终点电势的绝对值,仅需要在滴定过程中观察指示电极电势的变化,在化学计量点的附近,由于被滴定的物质浓度发生突变,根据指示电极电势产生突跃来确定滴定终点的体积(V_{SP})。电位滴定具有以下几个优点:①能用于难以用指示剂判断终点的滴定,如终点变色不明显、有色溶液的滴定;②能用于非水溶液的滴定;③能用于连续滴定和自动滴定,并适合微量分析。

值得注意的是:滴定时,应根据不同的反应选择合适的指示电极,常用的指示电极有:玻璃电极适合酸碱反应、铂电极适合氧化还原反应、银电极可用于测定卤素与硝酸银的沉淀反应、pM 电极(铜离子选择性电极,测定时在试液中加入 Cu – EDTA 配合物)可指示以 EDTA 为滴定剂的滴定过程中,被测金属离子的浓度。

在容量分析中,混合碱($NaOH$、Na_2CO_3 或 $NaHCO_3$、Na_2CO_3)的分析一般采用双指示剂法。由于 Na_2CO_3 滴定至 $NaHCO_3$,这一步采用酚酞为指示剂,终点不明显,使结果产生较大的误差。电位滴定法是通过测量滴定过程中 pH 的变化来确定滴定终点,可适用于突跃范围较窄的滴定过程,结果准确可靠。当用标准 HCl 溶液滴定混合碱($NaOH$、Na_2CO_3 或 $NaHCO_3$、Na_2CO_3)时,用玻璃电极测量滴定过程中溶液的 pH 变化,绘制电位滴定曲线,确定滴定终点,也可用一级或二级微商曲线来确定终点体积。以标准 HCl 溶液滴定某一元碱溶液为例,实验数据及其处理见表 4 – 5。

表 4 - 5　用 0.1105 mol·L⁻¹ HCl 滴定某一元碱(25.00 mL)

V_{HCl}/mL	ΔV	pH	ΔpH	$\Delta pH/\Delta V$	$\Delta^2 pH/\Delta V^2$
0.00		10.52			
2.00	2.00	10.02	−0.50	−0.25	
4.00	2.00	9.50	−0.52	−0.26	
6.00	2.00	8.94	−0.56	−0.28	
8.00	2.00	8.31	−0.63	−0.315	
10.00	2.00	7.63	−0.68	−0.34	
12.00	2.00	6.91	−0.72	−0.36	
14.00	2.00	6.15	−0.76	−0.38	
15.00	1.00	5.74	−0.41	−0.41	
15.10	0.10	5.68	−0.06	−0.60	
15.20	0.10	5.61	−0.07	−0.70	
15.30	0.10	5.51	−0.10	−1.0	
15.40	0.10	5.38	−0.13	−1.3	
15.50	0.10	5.22	−0.16	−1.6	
15.60	0.10	5.02	−0.20	−2.0	
15.70	0.10	4.78	−0.24	2.4	−4.0
15.80	0.10	4.44	−0.34	−3.4	−10.0
15.90	0.10	4.16	−0.28	−2.8	6.0
16.00	0.10	3.92	−0.24	−2.4	4.0
17.00	1.00	2.90	−1.02	−1.02	
18.00	1.00	1.94	−0.96	−0.96	

根据表 4 - 5 数据分别绘制以下曲线:

(1)电位滴定曲线(pH - V)。以 pH 为纵坐标,加入的 HCl 体积为横坐标,绘制电位滴定曲线,见图 4 - 4(a)。pH - V 曲线上的突跃[斜率 d(pH)/d(V)最大的地方]为终点。

(2)一级微商曲线($\Delta pH/\Delta V$ - V)。以 $\Delta pH/\Delta V$ 为纵坐标,加入的 HCl 体积为横坐标,绘制一级微商曲线,见图 4 - 4(b)。曲线上的极大值点(外推得到)所对应的体积即为计量点时 HCl 的体积。

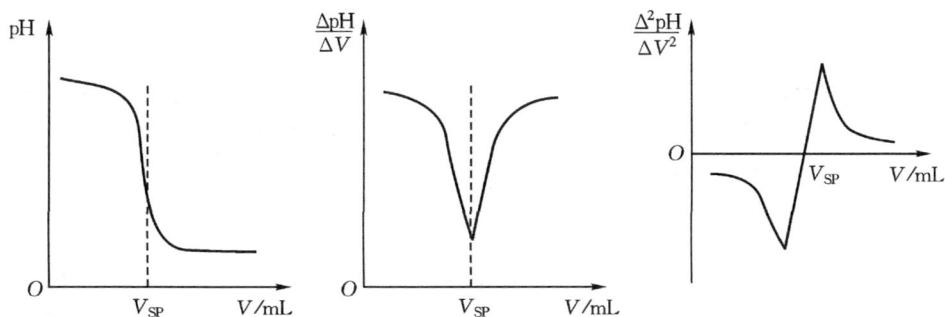

(a)滴定曲线　　　　　　(b)一级微商曲线　　　　　(c)二级微商曲线

图 4-4　HCl 溶液滴定某弱碱溶液的各曲线

(3)二级微商曲线($\Delta^2 pH/\Delta V^2 - V$)。以 $\Delta^2 pH/\Delta V^2$ 为纵坐标,加入的 HCl 体积为横坐标,绘制二级微商曲线,见图 4-4(c),曲线上 $\Delta^2 pH/\Delta V^2 = 0$ 处所对应的体积即为计量点时的 HCl 体积;该体积也可以从刚刚改变正负号的两个相邻二级微商值计算而得,从表 4-5 中可见,在 HCl 体积从 15.70 mL 增加到 15.80 mL 时,二级微商值改变符号,终点时 HCl 的体积为

$$V_{SP} = 15.70 + \frac{10}{10+6} \times 0.10 = 15.76 \text{ mL}$$

或

$$V_{SP} = 15.80 - \frac{10}{10+6} \times 0.10 = 15.76 \text{ mL}$$

式中,0.10 为两次滴定体积之差。

三、仪器与试剂

1. 仪器

ZD—2 型自动电位滴定仪,复合玻璃电极,磁力搅拌器,小烧杯,滴定管,移液管,洗耳球。

2. 试剂

$0.05 \text{mol} \cdot \text{L}^{-1}$ 盐酸溶液,碳酸钠基准物质,混合碱未知液,0.2%(质量分数)甲基橙指示剂,标准 pH 缓冲溶液。

四、实验步骤

1. 准备工作

接通 ZD—2 自动电位滴定仪的电源,预热 10～15 min 后,用标准 pH 缓冲溶液对电位滴定仪进行校正。

2. HCl 溶液的标定

准确称取 0.2~0.3g 基准碳酸钠于 250 mL 锥形瓶中,加入 20~30 mL 水溶解后,滴入 1~2 滴 0.2%(质量分数)甲基橙指示剂,用待标定的 HCl 滴至橙色为终点,平行滴定 3 次,计算 HCl 的浓度。

3. 电位滴定

准确移取 25 mL 混合碱未知溶液于一清洁干净的 150 mL 小烧杯中,加入 25 mL 蒸馏水,安装好滴定装置后,开启搅拌器,从酸式滴定管中逐步滴加 0.1 mol·L^{-1} HCl 溶液。开始时,每滴 2 mL 测一次 pH,接近第一化学计量点时每隔 0.1 mL 测一次 pH,终点突跃过后,又每隔 2 mL 测一次 pH,接近第二化学计量点时每隔 0.1 mL 测一次,突跃过后,每隔 2 mL 测一次直至 pH 出现平台为止。电位滴定结束后,关机,清洗并放妥电极。

五、结果与讨论

(1)计算 HCl 标准溶液的浓度。

(2)分别绘制出滴定曲线(pH-V)、一级微商曲线($\Delta pH/\Delta V-V$)和二级微商曲线($\Delta^2 pH/\Delta V^2-V$),并分别确定 V_{SP1}、V_{SP2}。

(3)用二级微商计算法求出 V_{SP1} 和 V_{SP2}。

(4)判断未知液的组成,并求出其浓度。

六、思考题

1. 怎样用酸碱电位滴定法区别下列物质?

HCl, H_3PO_4, $HCl + H_3PO_4$, $H_3PO_4 + NaH_2PO_4$, $NaH_2PO_4 + Na_2HPO_4$, $Na_2HPO_4 + Na_3PO_4$

试作出以 NaOH 为标准溶液滴定上述各组溶液的滴定曲线(假定每种组分物质的量浓度都相等)。

2. 计算未加 HCl 标准溶液时,混合碱溶液的 pH,并与实验值比较。

附 ZD—2 型自动电位滴定仪的使用方法

仪器安装连接好以后,插上电源线,打开电源开关,电源指示灯亮。经 15 min 预热后再使用。

1. mV 测量

(1)"设置"开关置"测量","pH/mV"选择开关置"mV";

将电极插入被测溶液中,将溶液搅拌均匀后,即可读取电极电位(mV)值;

(2)如果被测信号超出仪器的测值范围,显示屏会不亮,作超载报警。

2. pH 标定及测量

(1)标定:仪器在进行 pH 测量之前,先要标定,一般来说,仪器在连续使用时,每天要标定一次。其步骤如下:

a)"设置"开关置"测量","pH/mV"选择开关置"pH";

b)调节"温度"旋钮,使旋钮白线指向对应的溶液温度值;

c)将"斜率"旋钮顺时针旋到底(100%);

d)将清洗过的电极插入 pH 值为 6.86 的缓冲溶液中;

e)调节"定位"旋钮,使仪器显示读数与该缓冲溶液当时温度下的 pH 值相一致;

f)用蒸馏水清洗电极,再插入 pH 值为 4.00(或 pH 值为 9.18)的标准缓冲溶液中,调节斜率旋钮使仪器显示读数与该缓冲溶液当时温度下的 pH 值相一致;

g)重复(e)~(f)直至不用调节"定位"或"斜率"调节旋钮为止,至此,仪器完成标定。"定位"和"斜率"不应再动,直至下一次标定。

(2)pH 测量 经标定过的仪器即可用来测量 pH,其步骤如下:

a)"设置"开关置"测量","pH/mV"开关置"pH";

b)用蒸馏水清洗电极头部,再用被测量溶液清洗一次;

c)用温度计测出被测溶液的温度值;

d)调节"温度"旋钮,使旋钮白线指向对应的溶液温度值;

e)电极插入被测溶液中,搅拌溶液使溶液均匀后,读取该溶液的 pH 值。

3. 滴定前的准备工作

(1)安装好滴定装置,在烧杯中放入搅拌棒,并将烧杯放在 JB—1A 型搅拌器上。

(2)电极的选择:取决于滴定时的化学反应,如果是氧化还原反应,可采用铂电极和甘汞电极;如属中和反应,可用 pH 复合电极或玻璃电极和甘汞电极;如属银盐与卤素反应,可采用银电极和特殊甘汞电极。

4. 电位自动滴定

(1)终点设定:"设置"开关置"终点","pH/mV"开关置"mV","功能"开关置"自动",调节"终点电位"旋钮,使显示所要设定的终点电位值。等电位选定后,

"终点电位"旋钮不可再动。

(2)预控点设定:预控点的作用是当离开终点较远时,滴定速度很快,当到达预控点时,滴定速度很慢。设定预控点就是设定预控点到达终点的距离。其步骤如下:

"设置"开关置"预控点",调节"预控点"旋钮,使显示屏显示需要的预控点数值。例如:预控点为 100 mV,仪器将在离终点 100 mV 处转为慢滴。预控点选定后,"预控点"调节旋钮不可再动。

(3)终点电位和预控点电位设定好后,将"设置"开关置"测量",打开搅拌器电源,调节转速使搅拌从慢速加快至适当转速。

(4)按一下"滴定开始"按钮,仪器即开始滴定,滴定灯闪亮,滴液快速滴下,在接近终点时,滴定减慢。到达终点时,滴定灯不再闪亮,过 10s 左右,终点灯亮,滴定结束。

注意:到达滴定终点后,不可再按"滴定开始"按钮,否则仪器将认为另一极性相反的滴定开始,而继续进行滴定。

(5)记录滴定管中滴液的消耗读数。

5. 电位控制滴定

"功能"开关置"控制",其余操作同第 4 条。在到达终点后,滴定灯不再闪亮,仪器始终处于预备滴定状态,同样到达终点后,不可再按"滴定开始"按钮。

6. pH 自动滴定

(1)按上面 2(1)条进行标定;

(2)pH 终点设定:"设置"开关置"终点","功能"开关置"自动","pH/mV"开关置"pH",调节"终点电位"旋钮,使显示你所要设定的终点 pH 值;

(3)预控点设置:"设置"开关置"预控点",调节"预控点"旋钮,使显示屏显示你所要设置的预控点 pH 值。例如,你所要设置的预控点为 2pH,仪器将在离终点 2pH 左右处自动从快滴转为慢滴,其余操作同本节 4(3)~4(5)条。

7. pH 控制滴定(恒 pH 滴定)

"功能"开关置"控制",其余操作同第 6 条。

8. 手动滴定

(1)"功能"开关置"手动","设置"开关置"测量";

(2)按下"滴定开始"开关,滴定灯亮,此时滴液滴下,控制按下此开关的时间,即控制液滴滴下的数量,放开此开关,则停止滴定。

实验4.9 醋酸的电位滴定和酸常数的测定

一、实验目的

(1)通过醋酸的电位滴定,掌握电位滴定的基本操作和滴定终点的计算方法。

(2)学习测定弱酸酸常数的原理和方法,巩固弱酸离解平衡的基本概念。

二、实验原理

电位滴定法是在滴定过程中根据指示电极和参比电极的电位差或溶液的pH值的突跃来确定滴定终点的一种方法。在酸碱电位滴定过程中,随着滴定剂的不断加入,被测物与滴定剂发生反应,溶液pH值不断变化,在化学计量点附近发生pH值突跃。因此,测量溶液pH值的变化,就能确定滴定终点。滴定过程中,每加一次滴定剂,测一次pH值,在接近化学计量点时,每次滴定剂加入量要小到0.10 mL,滴定到超过化学计量点为止。这样就得到一系列滴定剂用量 V 和相应的pH值数据。

常用的确定滴定终点的方法有以下几种。

1. 绘 pH - V 曲线法

以滴定剂用量 V 为横坐标,以pH值为纵坐标,绘制pH - V 曲线。作两条与滴定曲线相切的45°倾斜的直线,等分线与曲线的交点即为滴定终点,如图4-5(a)所示。

2. 绘 $\Delta pH/\Delta V$ - V 曲线法

$\Delta pH/\Delta V$ 代表pH的变化值一次微商与对应的加入滴定剂体积的增量(ΔV)的比。绘制 $\Delta pH/\Delta V$ - V 曲线,曲线的最高点即为滴定终点,如图4-5(b)所示。

3. 二级微商法

绘制($\Delta^2 pH/\Delta V^2$)- V 曲线。它是依据 $\Delta pH/\Delta V$ - V 曲线上的极大值对应 $\Delta^2 pH/\Delta V^2$ 等于零的关系以确定滴定终点,如图4-5(c)所示。该法也可不经绘图而直接由内插法确定滴定终点。

醋酸在水溶液中电离如下:

$$HAc = H^+ + A_c^-$$

其酸常数为

$$K_a^\theta = \frac{[H^+][Ac^-]}{[HAc]}$$

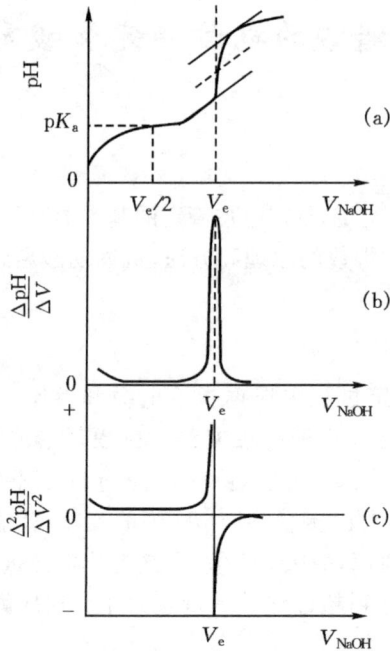

图 4-5 NaOH 滴定 HAc 的 3 种滴定曲线示意图

当醋酸被中和了一半时,溶液中:$[Ac^-]=[HAc]$

根据以上平衡式,此时 $K_a^\theta=[H^+]$,即 $pK_a^\theta=pH$。因此,$pH-V$ 图中 $\frac{1}{2}Ve$ 处所对应的 pH 值即为 pK_a^θ,从而可求出醋酸的酸常数 K_a^θ。

三、仪器与试剂

1. 仪器

ZD—2 型自动电位滴定仪,电磁搅拌器,复合型玻璃电极,10 mL 半微量碱式滴定管,100 mL 小烧杯,10.00 mL 移液管,100 mL 容量瓶。

2. 试剂

0.6 mol·L^{-1} HAc 溶液,1mol·L^{-1} KCl 溶液,0.1000 mol·L^{-1} NaOH 标准溶液,pH 4.00、pH 6.86 标准缓冲溶液(25℃)。

四、实验步骤

(1)用 pH=4.00、6.86(25℃)的缓冲溶液标定 ZD—2 型自动电位滴定仪。

(2)准确吸取醋酸试液 10.00 mL 于 100 mL 容量瓶中,加水至刻度摇匀,吸 10.00 mL 于小烧杯中,加 1mol·L^{-1} KCl 5.0 mL,再加水 35.00 mL。放入搅拌磁子,浸入复合电极。开启电磁搅拌器,用 0.1000mol·L^{-1} NaOH 标准溶液进行滴定,每间隔 1.0 mL 读数一次,记录相应的 pH 值,至 pH 值出现明显的突跃。

(3)重复步骤 2,当 NaOH 滴加至 pH 突跃附近时,每间隔 0.10 mL 读数一次。记录格式如下。

V/mL	pH	ΔV	ΔpH	$\Delta pH/\Delta V$	$\Delta^2 pH/\Delta V^2$
1.00		1.00			
2.00		1.00			
⋮		⋮			
⋮		⋮			

五、数据处理

(1)绘 pH – V 和 ($\Delta pH/\Delta V$)– V 曲线,分别确定滴定终点 V_e。

(2)用二级微商法由内插法确定终点 V_e。

(3)由 $\frac{1}{2}V_e$ 法计算 HAc 的电离常数 K_a^θ,并与文献值比较($K_{a文献}^\theta = 1.76 \times 10^{-5}$),分析产生误差的原因。

4. ΔpH,ΔV,$\Delta pH/\Delta V$,$\Delta^2 pH/\Delta V^2$ 可通过计算和编程处理。

六、思考题

1. 用电位滴定法确定终点与指示剂法相比有何优缺点?
2. 实验中为什么要加入 5.0 mL 1mol·L^{-1} KCl 溶液?
3. 当醋酸完全被氢氧化钠中和时,反应终点的 pH 值是否等于 7? 为什么?
4. 如何正确获得实验结果?

实验 4.10　氯离子选择性电极法测定试样中氯含量及氯化铅的溶度积常数

一、实验目的

(1)掌握直接电位法测定氯离子含量及溶度积常数的原理和方法。
(2)学会使用 ZD—2 型自动电位滴定仪。

二、实验原理

以氯离子选择性电极为指示电极,双液接甘汞电极为参比电极,插入试液中组成工作电池(图 4 – 6)。当氯离子浓度在 $10^{-4} \sim 1 \text{ mol} \cdot \text{L}^{-1}$ 范围内,在一定的条件下,电池电动势与氯离子活度的对数成线性关系。

$$E = K - \frac{2.303RT}{nF} \lg a_{\text{Cl}^-}$$

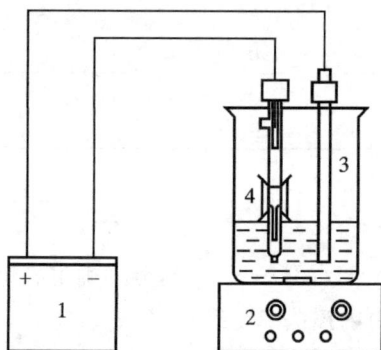

图 4 – 6　用氯离子选择性电极测定 a_{Cl^-} 的工作电池示意图

1. 自动电位滴定仪;2. 电磁搅拌器;3. Cl^- 离子选择性电极;4. 双液接甘汞电极

分析工作中要求测定的是离子的浓度 c_i,根据 $a_i = \gamma_i \cdot c_i$ 的关系,可以在标准溶液和被测溶液中加入总离子强度调节缓冲液(TISAB),使溶液的离子强度保持恒定,从而使活度系数 γ_i 为一常数,$\lg \gamma_i$ 可并入 K 项中以 K' 表示,设 $T = 298\text{K}$,则上式可变为

$$E = K' - 0.059 \lg c_{\text{Cl}^-}$$

即电池电动势与被测离子浓度的对数成线性关系。

一般的离子选择性电极都有其特定的 pH 值使用范围,本实验所用的 301 型氯离子选择性电极的最佳 pH 值范围为 $2 \sim 7$,这个 pH 值范围是通过加入总离子强度调节缓冲液来控制的。

在含有难溶盐 PbCl_2 固体的饱和溶液中,存在着下列平衡反应:

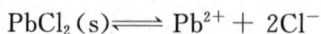

$$\text{PbCl}_2(\text{s}) \Longrightarrow \text{Pb}^{2+} + 2\text{Cl}^-$$

$$[\text{Pb}^{2+}] = \frac{[\text{Cl}^-]}{2}$$

按溶度积规则:$K_{\text{SP} \cdot \text{PbCl}_2} = [\text{Pb}^{2+}][\text{Cl}^-]^2 = \frac{1}{2}[\text{Cl}^-][\text{Cl}^-]^2 = \frac{1}{2}[\text{Cl}^-]^3$

由氯离子选择性电极测得饱和 $PbCl_2$ 溶液中的 $[Cl^-]$ 后,即可求得 $K_{SP, PbCl_2}$。

三、仪器与试剂

1. 仪器

ZD—2 型自动电位滴定仪,301 型氯离子选择性电极,217 型双液接甘汞电极(内盐桥为饱和 KI 溶液、外盐桥为 $0.1 \, mol \cdot L^{-1} \, KNO_3$ 溶液),电磁搅拌器。

2. 试剂

$1.00 mol \cdot L^{-1}$ 氯化钠标准溶液,pH 2~3 的总离子强度调节缓冲液(TISAB):由 $NaNO_3$ 加 HNO_3 组成。

四、实验步骤

1. 标准曲线的测绘

(1)氯离子系列标准溶液的配制。吸取 $1.00 \, mol \cdot L^{-1}$ 氯离子标准溶液 10.00 mL 置于100 mL 容量瓶中,加入 TISAB 10 mL,用蒸馏水稀释至刻度,摇匀,得 $pCl_1 = 1$。

吸取 $pCl_1 = 1$ 的溶液 10.00 mL 置于另一 100 mL 容量瓶中,加入 TISAB 9 mL,用蒸馏水稀释至刻度,摇匀,得 $pCl_2 = 2$。

吸取 $pCl_2 = 2$ 的溶液 10.00 mL 置于 100 mL 容量瓶中,加入 TISAB 9 mL,配得 $pCl_3 = 3$,用同样的方法依次配制 $pCl_4 = 4$、$pCl_5 = 5$ 的溶液。

(2)氯离子系列标准溶液平衡电动势的测定。将 pCl_5 标准溶液部分转入小烧杯中,将已符合测量使用要求的指示电极和参比电极浸入被测溶液中,加入搅拌磁子,开动电磁搅拌器,将仪器的选择开关置于"—mV"档,待 E 显示稳定后,记录 E 值。

重复该步操作,由稀至浓依次测量 pCl_4、pCl_3、……氯离子标准溶液。

pCl	$pCl_1 = 1$	$pCl_2 = 2$	$pCl_3 = 3$	$pCl_4 = 4$	$pCl_5 = 5$
E/mV					

2. 试样中氯离子的测定

(1)吸取试样 10.00 mL 置于 100 mL 容量瓶中,加 10 mL 的 TISAB,加蒸馏水稀释至刻度,测定其电位值 E_x。

(2)如欲测定自来水中的氯离子含量,可精确量取自来水 50.00 mL 于

100 mL容量瓶中，加 10 mL 的 TISAB，加蒸馏水稀释至刻度，摇匀，以上述同样方法测定其电位值。

3. 饱和 PbCl₂ 溶液平衡电动势的测定

用移液管吸取 10 mL 的 PbCl₂ 饱和溶液至 100 mL 容量瓶中，加入 10 mL 的 TISAB，用去离子水稀释至刻度，测定其电位值 E_x，计算 PbCl₂ 溶度积。

五、数据处理

(1)绘制工作曲线。按照氯离子系列标准溶液的数据，以电位值 E 为纵坐标，pCl 为横坐标绘制标准曲线。

(2)在标准曲线上找出 E_x 值相应的 $PbCl_x$，求容量瓶中氯离子的浓度，换算出试样中氯离子的总含量，以 $mg \cdot L^{-1}$ 表示，并求出饱和 PbCl₂ 中的 $[Cl^-]$，算出 $K_{SP \cdot PbCl_2}$。

(3)可用 Excel 或其他数据处理工具，将工作曲线的回归方程算出，同时可得到相关系数 γ，以检验工作曲线的线性(一般 $\gamma > 0.995$)，将未知样的 E_x 输入，即可计算得到试样中氯离子含量。

六、思考题

1. 为什么要加入总离子强度调节缓冲液？
2. 本实验中与电极响应的是氯离子的活度还是浓度？为什么？
3. 氯离子选择性电极在使用前为什么要浸泡活化 1 h？
4. 本实验中为什么要用双液接甘汞电极，而不用一般的甘汞电极？使用双液接甘汞电极时应注意什么？

实验 4.11 库仑滴定法测定水中砷

一、实验目的

(1)熟悉库仑滴定法的基本原理。
(2)掌握库仑滴定法测定痕量砷的实验技术。

二、实验原理

库仑滴定法是建立在控制电流电解过程基础上的一种相当准确而灵敏的分

析方法,可用于微量及痕量物质的分析测定。它的特点是与待测物质起定量反应的滴定剂是在特定的电解液中由恒电流电解产生,反应终点可借指示剂或电化学法(如电位法、永停滴定法等)确定。通过电解过程中消耗的电量可以求出产生的"滴定剂"的量,进而求出与之反应的被测物质的含量。

本实验中,在含有 AsO_3^{3-} 的试液中加入 KI 溶液,通过电解 KI 溶液产生 I_2(滴定剂),在电解电极上的反应如下:

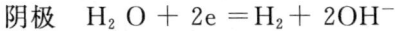

阳极　$3I^- - 2e = I_3^-$

阴极　$H_2O + 2e = H_2 + 2OH^-$

电解产生的 I_2 与溶液中的 As(Ⅲ)(被测物质)定量反应,反应式为

$$AsO_3^{3-} + I_3^- + H_2O = AsO_4^{3-} + 3I^- + 2H^+$$

为使电解反应产生碘的电流效率达到 100%,要求电解液的 pH 小于 9。但若使碘与亚砷酸的化学反应定量进行完全,则又必须使电解液的 pH 大于 7,因此必须严格控制电解在弱碱性条件下进行。

为判断滴定终点,采用一对铂电极作为指示电极。在两电极间加上一个较低的电压,约 200 mV。当溶液中没有过量碘时,要在指示电极上有电流通过,外加电压必须大于 0.89V,因此终点前指示电极上无电流通过;在计量点之后,溶液中有微量碘出现,在两个指示电极上发生如下反应:

阳极　$3I^- - 2e = I_3^-$

阴极　$I_3^- + 2e = 3I^-$

这时在较低电压(200 mV)下可以观察到指示电极上的电流明显增大,指示滴定终点的到达。由于被测离子与滴定剂之间,滴定剂与消耗的电量之间都有严格的数量关系,因而在保证电流效率为 100% 的情况下,根据电解电流和电解时间,由法拉第定律便可求出试样中砷的含量。

$$W = \frac{M}{nF}it$$

式中:M 为待测物质的分子量;n 为电子转移数;i 为电解电流,A;t 为电解时间,s;W 为试液中待测物质的含量,g。

三、仪器与试剂

1. 仪器

直流稳压电源一台,铂电极四支(铂工作电极与指示电极各一对),毫安表,检流计,电位表,磁力搅拌器,甲电池 1.5 V,秒表。

2. 试剂

KI 缓冲液:溶解 60 克 KI 固体,10 克 $NaHCO_3$ 于水中,稀释至 1 L。As(Ⅲ)

溶液(1 mmol·L⁻¹):称取 0.1978 g As₂O₃ 置于 400 mL 烧杯中,加入 10 mL 10%NaOH,稍加热至 As₂O₃ 完全溶解,加入 300 mL 去离子水,加入 1～2 滴酚酞指示剂,用 1 mol·L⁻¹ 硫酸溶液滴至无色后,将溶液转移至 1 L 容量瓶中,用去离子水稀释至刻度,摇匀。

四、实验步骤

(1)将铂电极置于热的浓硝酸中,约两分钟,取出,用蒸馏水冲洗干净。

(2)按图 4-7 接好实验装置,将搅拌磁子放入电解池中,加入 KI 缓冲液 75 mL。并向 2 中加入该溶液,使其中液面略高于电解池液面。

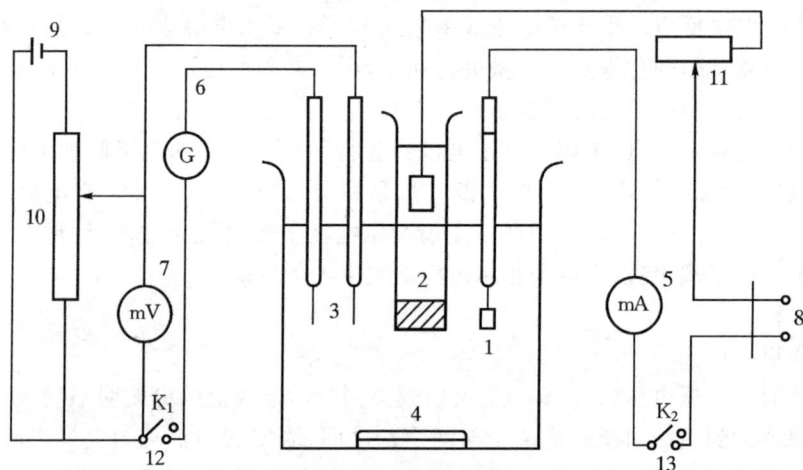

图 4-7 库仑滴定装置

1.铂片电极;2.铂片电极与阴极隔离室;3.铂丝指示电极对;4.搅拌磁子;5.精密直流毫安表;6.检流计;7.直流伏特表;8.直流电源;9.甲电池1.5 V;10,11.滑线电阻;12,13.开关 K₁,K₂

(3)接通 K₁,调节滑线电阻 10 使加在双铂指示电极上的电压为 150～200 mV 左右,旋转检流计 6 的"零点"调节器使光点指示为 0。

(4)接通 K₂,调节滑线电阻 11,使电解电流在 3～5 mA 左右,此时因在铂工作阳极上有 I₂ 产生,从而使指示电极上的检流计光点发生偏转,所以应当注意观察光点的移动并立即断开 K₂。

(5)调节检流计 6 的"灵敏度"分档开关,使光点达到最大偏转,然后逐滴加入砷试样溶液使检流计光点回零。

(6)接通 K₂,当检流计光点恰好移至刻度值为 20 格的瞬间立即断开 K₂(此即预定终点)。

(7)用移液管准确加入砷试样溶液 5.00 mL 于电解池溶液中,在接通 K_2 的同时开启秒表计时,进行库仑滴定,记下恒电流 i 的数值,观察检流计的光点,当光点移至预定终点值时,立即停止秒表断开 K_2,记下电解滴定时间,重复上述实验 2 次。

五、数据记录与处理

(1)根据对应关系记录实验数据与现象。
(2)按法拉第电解定律计算砷试样溶液中砷的含量(以 $mg \cdot L^{-1}$ 表示)。

六、注意事项

(1)由于砷化合物剧毒,在实验中要特别注意不要直接用手接触药品或试液,也不要沾在实验服上。实验完毕要立即洗手,实验服也要及时清洗。
(2)实验完成后,所用废液绝不允许倒入水槽中,而应该倒入指定的废液缸。

七、思考题

1. 库仑滴定的先决条件是什么?
2. 本实验的电解电路是怎样获得恒定电流的?
3. 为什么要把库仑池中的辅助电极隔离?

实验 4.12　库仑滴定法标定硫代硫酸钠浓度

一、实验目的

(1)进一步掌握库仑滴定法的基本原理。
(2)掌握库仑滴定法标定硫代硫酸钠浓度的实验技术。

二、实验原理

在容量分析中经常使用的标准溶液可以由基准物质经准确称量后用容量瓶稀释得到。有些标准溶液如 HCl 标准溶液、$Na_2S_2O_3$ 标准溶液等无法用准确称量的方法直接配制,而是先经粗略配制后,用另一种标准溶液进行标定。标定的结果取决于基准物的纯度、使用前的预处理、称量的准确度、滴定时终点颜色的判断等诸多因素。标定过程既繁琐又可能产生误差,利用库仑滴定的方法不仅能非常方便地标定标准溶液的浓度,而且由于采用现代电子技术,实验所需测量的电流、时间等参量可以精确测得,使得最终测定结果的可靠性大大增加。$KMnO_4$、$Na_2S_2O_3$、KIO_3 和亚砷酸等标准溶液都可以用库仑滴定法进行标定。

在 H_2SO_4 溶液中,以电解 KI 产生的 I_2 作为滴定剂,与溶液中的 $Na_2S_2O_3$ 反应。电解电极上发生如下反应:

阳极　　　　　$3I^- - 2e \Longrightarrow I_3^-$

阴极　　　　　$2H^+ + 2e \Longrightarrow H_2 \uparrow$

阳极反应的产物 I_2 与 $Na_2S_2O_3$ 进行定量反应:

$$I_3^- + 2S_2O_3^{2-} \Longrightarrow S_4O_6^{2-} + 3I^-$$

为判断滴定终点,采用一对铂电极作为指示电极。在两电极间加上一个较低的电压,约 200 mV。在滴定计量点以前,溶液中没有可逆的氧化还原电对存在,因此指示电极上无电流通过。在计量点之后,溶液中存在过量碘,可以在指示电极上发生如下反应:

阳极　　　　　$3I^- - 2e \Longrightarrow I_3^-$

阴极　　　　　$I_3^- + 2e \Longrightarrow 3I^-$

这时可以观察到指示电极上的电流明显增大,指示滴定终点的到达。

为防止阴极电解产物对电极的影响,通常在工作阴极外面加一个带有多孔玻璃芯的玻璃套管,将阴极与电解液隔离开。

由于指示电极上的电流是判断是否达到滴定终点的依据,如果电解液中含有微量可氧化还原的杂质时,对滴定终点的判断会产生极大的干扰,同时也会影响测定的准确性。因此,在正式电解前需进行预电解,以除去溶液中的杂质。

三、仪器与试剂

1. 仪器

KLT—1 型通用库仑仪,磁力搅拌器,电解池,铂片电解阳极一支,铂丝电解阴极一支,铂片指示电极一对,1 mL 吸量管一支,100 mL 量筒一个,托盘天平一个。

2. 试剂

KI 固体,1 mol·L^{-1} H_2SO_4 溶液,0.01 mol·L^{-1} $Na_2S_2O_3$ 溶液。

四、实验步骤

1. 电解液的配制

在电解池中加入约 5g KI 固体、10 mL 的 1 mol·L^{-1} H_2SO_4 溶液,再加入 90 mL

去离子水,加入磁子,开动搅拌器,选择适当转速。待 KI 固体全部溶解后,用滴管取少许电解液加入阴极套管中,使阴极套管中液面略高于电解池中液面为宜。

2. 仪器的设定

安装好电极,将电极引线与电极及仪器后插孔连接好。

注意:电解电极引线中,红色引线接一对铂片电极作为阳极,黑色引线接铂丝电极作为阴极,不可接错。

开启电源以前,所有按键应全部处于释放位置。工作/停止开关处于停止位置,电解电流量程置于 10 mA,电流微调调至最大位置。

开启电源开关,预热约 10 min。将电流/电位选择键置于电流位置,上升/下降选择键置于上升位置。这样,仪器将以电流上升作为确定滴定终点的依据。

按住极化电位键,调节极化电位器至所需极化电位值(约 250 mV),松开极化电位键。

3. 预电解

在电解池中加入几滴待标定的 $Na_2S_2O_3$ 溶液,按下启动键,按一下电解按钮,将工作/停止开关置于工作位置,电解开始,电流表指针缓慢向右偏转,同时电量显示值不断增大。当电解至终点时,指针突然加速向右偏转,红色指示灯亮,电解自动停止,电量显示值也不再变化。将工作/停止开关置于停止位置,释放启动键,预电解结束。

4. 电解

准确移取 1.00 mL $Na_2S_2O_3$ 溶液于电解池中,按照上述预电解步骤进行正式电解,记录到达终点时的电量值。重复上述操作 3～5 次。电解液可以反复使用,不用更换。若电解池中溶液过多,可以倒出部分后继续使用。

5. 电解池清洗

实验完成后,关闭电源,拆除电极引线。清洗电解池及电极,并在电解池中注入去离子水。

五、实验数据及结果

根据电解过程中消耗的电量计算 $Na_2S_2O_3$ 溶液的准确浓度。

六、注意事项

1. 仪器在使用过程中,取出电极或断开电极引线时必须先释放启动键,以使仪器的指示回路输入端起到保护作用,防止损坏仪器。

2. 电解电极的阴阳极引线绝对不可以接错。

1. 说明库仑滴定法标定 $Na_2S_2O_3$ 溶液浓度的基本原理。

2. 说明用库仑滴定法标定 $Na_2S_2O_3$ 溶液浓度的优点有哪些?

3. 库仑滴定法标定 $Na_2S_2O_3$ 溶液浓度的准确性由哪些因素控制?

4. 为什么要进行预电解?

实验 4.13 库仑滴定法测定维生素 C 含量

一、实验目的

掌握库仑滴定法测定维生素 C 含量的实验技术。

二、实验原理

维生素 C 又名抗坏血酸,是人体不可缺少的重要物质。维生素 C 具有还原性,可以用氧化剂进行定量滴定。本实验采用电解 KI 溶液生成的 I_2 作为滴定剂与维生素 C 定量反应,根据电解过程中消耗的电量计算维生素 C 的含量。在电解电极上的反应为

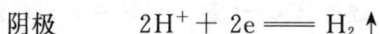

阳极　　　　$3I^- - 2e \longrightarrow I_3^-$

阴极　　　　$2H^+ + 2e \longrightarrow H_2\uparrow$

阳极反应的产物 I_2 与维生素 C 进行定量反应:

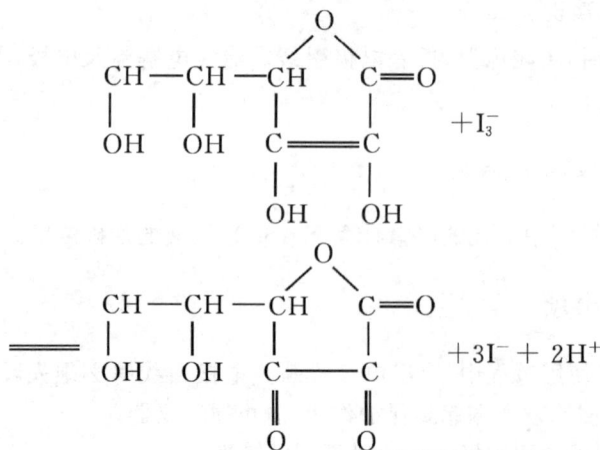

为判断滴定终点,采用一对铂电极作为指示电极。在两电极间加上一个较低的电压,约 200mV。在滴定计量点以前,溶液中没有可逆的氧化还原电对存在,因此指示电极上无电流通过;在计量点之后,溶液中存在过量碘,可以在指示电极上发生如下反应:

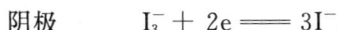

阳极　　　　$3I^- - 2e \Longrightarrow I_3^-$

阴极　　　　$I_3^- + 2e \Longrightarrow 3I^-$

这时可以观察到指示电极上的电流明显增大,指示滴定终点的到达。

三、仪器与试剂

1. 仪器

KLT—1 型通用库仑仪,磁力搅拌器,电解池,铂片电解阳极一支,铂丝电解阴极一支,铂片指示电极一对,1 mL 吸量管一支,100 mL 量筒一个,托盘天平一个。

2. 试剂

KI 固体,$1 \text{ mol} \cdot L^{-1}$ H_2SO_4 溶液,约 $0.01 \text{ mol} \cdot L^{-1}$ 维生素 C 溶液(需要当天配制)。

四、实验步骤

1. 电解液的配制

在电解池中加入约 5gKI 固体、10 mL 的 $1 \text{ mol} \cdot L^{-1}$ H_2SO_4 溶液,再加入 90 mL 去离子水。加入磁子,开动搅拌器,待 KI 固体全部溶解后,用滴管取少许电解液加入阴极套管中,使阴极套管中液面略高于电解池中液面为宜。

2. 仪器的设定

安装好电极,将电极引线与电极及仪器后插孔连接好。

注意:电解电极引线中,红色引线接一对铂片电极作为阳极,黑色引线接铂丝电极作为阴极,不可接错。

开启电源以前,所有按键应全部处于释放位置。工作/停止开关处于停止位置,电解电流量程置于 10 mA,电流微调调至最大位置。

开启电源开关,预热约 10 min。将电流/电位选择键置于电流位置,上升/下降选择键于上升位置。这样,仪器将以电流上升作为确定滴定终点的依据。

按住极化电位键,调节极化电位器至所需极化电位值(约 250 mV),松开极化电位键。

3. 预电解

在电解池中加入几滴维生素 C 溶液，按下启动键，按一下电解按钮，将工作/停止开关置于工作位置，电解开始，电流表指针缓慢向右偏转，同时电量显示值不断增大。当电解至终点时，指针突然加速向右偏转，红色指示灯亮，电解自动停止，电量显示值也不再变化。将工作/停止开关置于停止位置，释放启动键。预电解结束。

4. 电解

准确移取 1.00 mL 维生素 C 溶液于电解池中，按照上述预电解步骤进行正式电解，记录到达终点时的电量值。重复上述操作 3～5 次。电解液可以反复使用，不用更换。若电解池中溶液过多，可倒出部分后继续使用。

5. 电解池清洗

实验完成后，关闭电源，拆除电极引线。清洗电解池及电极，并在电解池中注入去离子水。

五、实验数据及结果

根据电解过程中消耗的电量计算样品溶液中维生素 C 的含量。

六、注意事项

由于维生素 C 溶液在空气中不稳定，因此需要在测定前配制使用。

七、思考题

除了维生素 C 以外，还有哪些药物可以用此方法测定？

实验 4.14　溶出伏安法测定水样中铅的含量

一、实验目的

(1)掌握溶出伏安法的基本原理。
(2)学习阳极溶出伏安法的实验方法。
(3)了解一些新技术在溶出伏安法中的应用。

二、实验原理

阳极溶出伏安法(anodic stripping voltammetry)包括电解富集和溶出两个过程。电解富集过程是通过控制工作电极的电位在被测物质的极限电流区域,被测金属离子在汞电极表面还原形成金属汞齐,因电极表面积很小,经较长时间富集后电极表面汞齐中金属的浓度相当大(浓缩作用)。溶出过程中,是以快速的阳极化电位扫描方式,使汞齐中的金属迅速地被氧化,从而产生尖峰状的溶出电流曲线。

汞膜电极由于具有大的 A/V 比值,预电解效率很高,因而在阳极溶出伏安法中使用广泛。本实验中,使用玻碳电极为工作电极,采用同位镀汞膜方法,制备汞膜电极。这种方法是在分析溶液中加入一定量的汞盐,在被测物所加的富集电位下,汞与被测物质同时沉积在玻碳电极表面,形成汞膜(汞齐)。然后在反向电位的扫描时,被测物从汞中溶出,产生溶出电流蜂。

在酸性介质中,当电极电位控制在 -0.9 V(vs. SCE)时,Pb^{2+} 还原与 Hg^{2+} 一起沉积在电极表面形成汞齐膜。然后阳极化扫描至 -0.2 V 时,在 -0.4 V 左右出现铅的溶出电流峰,在一定范围内电流峰与铅浓度成正比,可用于铅的定量分析。

本实验采用标准加入法进行定量测定。其计算公式为

$$c_x = \frac{c_s V_s h_x}{H(V_x + V_s) - h_x V_x}$$

式中,c_x、V_x、h_x 分别为试样的浓度、体积和峰高;c_s、V_s 分别为加入的标准溶液的浓度和体积;H 为加入标准溶液后,测得的溶出峰的峰高。

三、仪器与试剂

1. 仪器

电化学工作站,玻碳工作电极、甘汞电极及铂电极组成的测量电极系统,磁力搅拌器,电解池,25 mL 容量瓶 2 只,10 mL、5 mL、1 mL 吸量管,纯氮气。

2. 试剂

1.0×10^{-5} mol·L^{-1} Pb^{2+} 标准溶液,5×10^{-3} mol·L^{-1} $Hg(NO_3)_2$ 溶液,1.0 mol·L^{-1} HCl 溶液,0.5 mol·L^{-1} H_2SO_4 溶液。

四、实验步骤

1. 仪器设定及电解池安装

打开计算机电源开关,运行电化学工作站控制程序。打开工作站电源开关,

按下工作站前面板上的"RESET"键,这时主控界面应显示"系统自检通过",系统进入正常工作状态。在主控界面中选择"线性扫描技术"—"循环伏安法"。将电极插入电解池中,接好电极引线。

2. 玻碳电极的准备

将玻碳电极在 6♯ 金相砂纸上小心轻轻打磨成镜面,用蒸馏水多次洗涤,插入电解池中,然后在电解池中加入约 20 mL 0.5 mol·L^{-1} H$_2$SO$_4$ 溶液,采用下述参数进行循环伏安扫描:

初始电位 +1.1 V,开关电位 -1.2 V,扫描速率 100 mV·s^{-1},循环伏安次数暂定 100,等待时间 2 s。

在扫描过程注意观察循环伏安图的变化,直至循环伏安图呈现稳定的背景电流曲线时即可停止扫描,取出玻碳电极,用蒸馏水冲洗干净。

3. 水样中铅的测定

分别取 10.00 mL 水样加入 2 只 25 mL 容量瓶中,再分别加入 5×10^{-3} mol·L^{-1} Hg(NO$_3$)$_2$ 溶液 1.0 mL,1.0 mol·L^{-1} HCl 溶液 5 mL。在其中一只容量瓶中加入 1.0×10^{-5} mol·L^{-1} Pb^{2+} 标准溶液 1.0 mL。用蒸馏水稀释至刻度,摇匀。

将未加标准溶液的样品溶液置于电解池中,通纯氮气 10 min 除氧。加入磁子,开动搅拌器。

在工作界面上选择"脉冲计数"-"差分脉冲溶出伏安法",设置以下参数,进行测定:起始电位 -0.9 V,电沉积电位 -0.9 V,终止电位 -0.2 V,电位增量 20 mV,脉冲幅度 50 mV,脉冲宽度 0.05 s,脉冲间隔 2 s,电沉积时间 180 s,平衡时间 30 s。

在富集过程完成后,应及时关闭搅拌器,溶出过程应该在静止溶液中进行。测定完成后,用加入标准溶液后的样品溶液重复上述操作。

4. 电极的清洗

测定完成后,在电解池中加入约 20 mL 0.5 mol·L^{-1} H$_2$SO$_4$ 溶液,放入磁子,在主控界面上选择"电位阶跃技术"—"单电位阶跃计时电流法",设置下述参数:

初始电位 -0.1 V,阶跃电位 -0.1 V,等待时间 1 s,采样间隔 1 s,采样点数 200。

启动搅拌器,运行实验。

实验完成后,退出主控程序,关闭工作站电源及计算机电源,断开电极引线,用蒸馏水清洗电极及电解池。

五、数据记录与处理

(1)列表记录各项实验数据；

(2)按标准加入法计算水样中铅的浓度(以 $mg \cdot L^{-1}$ 表示)。

六、思考题

阳极溶出伏安法有哪些特点？

实验 4.15　电感耦合等离子原子发射光谱法 (ICP – AES)测定水样中的微量 Cu

一、实验目的

(1)掌握 ICP – AES 的工作原理。

(2)掌握 ICP – AES 的基本操作技术。

(3)了解 ICP – AES 的基本应用。

二、实验原理

通过测量物质的激发态原子发射光谱线的波长和强度进行定性和定量分析的方法叫发射光谱分析法。发射光谱法有许多技术,用等离子炬作为激发源,使被测物质原子化并激发气态原子或离子的外层电子,使其发射特征的电磁辐射,利用光谱技术记录后进行分析的方法叫电感耦合等离子原子发射光谱分析法(ICP – AES)。ICP 光源具有环形通道、高温、惰性气氛等特点。因此,ICP – AES 具有检出限低($10^{-9} \sim 10^{-11}$ g $\cdot$ L^{-1})、稳定性好、精密度高(0.5％～2％)、线性范围宽、自吸效应和基体效应小等优点,可用于高、中、低含量的 70 个元素的同时测定。

原子吸收光谱仪工作流程图如下：

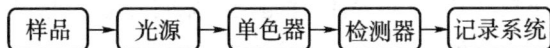

样品 → 光源 → 单色器 → 检测器 → 记录系统

载气携带由雾化器生成的试样气溶胶从进样管进入等离子体焰中央被激发,发射光信号先后经过单色器分光,光电倍增管或其他固体检测器将信号转变为电流进行测定。此电流与分析物的浓度之间具有一定的线性关系,使用标准溶液制作工作曲线可以对某未知试样进行定量分析。

三、仪器和试剂

1. 仪器

电感耦合等离子体光谱仪。

2. 试剂

铜储备液:准确称取 0.126 g CuSO$_4$(A. R.)于 50 mL 容量瓶,加入 1%(v/v)硝酸(G. R.)定容至 50 mL,配置 1 mg·mL^{-1} Cu^{2+} 储备液。

四、实验步骤

(1)ICP – AES 测定条件。

工作气体:氩气;冷却气流量:14 L·min^{-1};载气流量:1.0 L·min^{-1};辅助气流量:0.5 L·min^{-1};雾化器压力:30.06 psi;分析波长:Cu:324.754 nm。

(2)标准溶液的配制。

取 1 mg·mL^{-1} Cu^{2+} 标准溶液配制成浓度为 0.010,0.030,0.100,0.300,1.00,3.00,10.00,30.00,100.00 μg·mL^{-1} 的标准系列溶液。空白溶液:配制 1%(v/v)硝酸溶液。

(3)在教师的指导下,按照 ICP – AES 仪器的操作要求开启仪器。

(4)分别测定标准溶液和样品溶液发射信号强度。

(5)精密度:选择一定浓度的 Cu 溶液,重复测定 10 次,计算 ICP – AES 方法测定 Cu^{2+} 的精密度。

(6)检出限:重复 10 次测定空白溶液,计算相对于 Cu^{2+} 的检出限。

五、数据处理

(1)标准工作曲线和样品分析:应用 ICP 软件,制作 Cu^{2+} 标准工作曲线并计算试样溶液和空白中 Cu 的浓度。扣除空白值,计算原试样中 Cu 的含量。

(2)线性范围:根据标准工作曲线,进行线性拟合。线性范围上限为较线性拟合曲线计算值下降 10% 的浓度;线性范围下限可以视为相当于 5 倍检出限的浓度。

(3)精密度:重复 10 次测定一低浓度 Cu 标液,计算 RSD。

(4)检出限:检出限通常与可区别背景信号(噪声)的最小信号相关,IUPAC 的一种定义为对应于 3×Sb 的浓度,Sb 为背景信号的标准偏差。检出限=3×Sb/S,S 为工作曲线的斜率,Sb 为空白溶液重复 10 次测定结果。

六、思考题

1. 简述 ICP 的工作原理。
2. 说明光谱定性分析的具体过程。

实验 4.16　火焰光度法测定土壤样品中的钾、钠

一、实验目的

(1)学习和熟悉火焰光度法测定土壤样品中钾、钠的方法。
(2)加深对火焰光度法原理的理解。
(3)了解火焰光度计的结构及使用方法。

二、实验原理

以火焰为激发源的原子发射光谱法叫火焰光度法,它是利用火焰光度计测定元素在火焰中被激发时发射出的特征谱线的强度来进行定量分析。火焰光度法又叫做火焰发射光谱法。当样品溶液经雾化后喷入燃烧的火焰中,溶剂在火焰中蒸发,试样熔融转化为气态分子,继续加热又离解为原子,再由火焰高温激发发射特征光谱。用单色器把元素所发射的特定波长分离出来,经光电检测系统进行光电转换,再由检流计测出特征谱线的强度。用火焰光度法进行定量分析时,若激发的条件保持一定,则谱线的强度与待测元素的浓度成正比,可以用下式表示:

$$I = ac^b$$

式中,a 是与待测元素的激发电位、激发温度及试样组成等有关的系数,当实验条件固定时,a 为常数;b 是谱线的自吸系数,当浓度很低时,自吸现象可忽略不计,此时,b=1。

$$I = ac$$

通过测量待测元素特征谱线的强度,即可进行定量分析。K、Na 元素通过火焰燃烧容易激发而放出不同能量的谱线,用火焰光度计测定 K 原子发射的 766.8 nm 和 Na 原子发射的 589.0 nm 的这两条谱线的相对强度,利用标准曲线法可进行 K、Na 的定量测定。为抵消 K、Na 间的相互干扰,其标准溶液可配成 K、Na 混合标准溶液。

本实验使用液化石油气—空气(或汽油)火焰。

三、仪器和试剂

1. 仪器

火焰光度计,吸量管(5 mL,10 mL),曲颈小漏斗,振荡机,烧杯(100 mL,250 mL,500 mL),容量瓶(10 mL,50 mL,100 mL,250 mL),可调温电热板,分析天平(0.1mg),聚乙烯试剂瓶,带塞锥形瓶(100 mL),漏斗,台秤。

2. 试剂

(1)1.000 g·L^{-1} K 的储备标准溶液。称取 0.9534g 于 105℃烘干 4~6 h 的 KCl(A.R),溶于水后,移入 500 mL 容量瓶中,加水稀释至刻度,摇匀,转入聚乙烯试剂瓶中储存。

(2)1.000 g·L^{-1} Na 的储备标准溶液:称取 1.2708g 于 110℃烘干 4~6 h 的 NaCl(A.R),溶于水后,移入 500 mL 容量瓶中,加水稀释至刻度,摇匀,转入聚乙烯试剂瓶中储存。

(3)K、Na 混合标准工作溶液:移取 5.00 mL K 储备标准溶液,12.50 mL Na 储备标准溶液于 100 mL 容量瓶中,加水稀释至刻度,摇匀。此标准溶液含 50 m g·L^{-1} K,含 125 m g·L^{-1}Na。

(4)三酸混合溶液:HNO_3($\rho = 1.42$ g·cm^{-3}),H_2SO_4($\rho = 1.84$ g·cm^{-3}),$HClO_4$(60%)以 8:1:1的比例混合而成。

(5)$Al_2(SO_4)_3$ 溶液:称取 34 g $Al_2(SO_4)_3$ 或 66 g $Al_2(SO_4)_3$·$18H_2O$ 溶于水中稀释至 1 L。

(6)K 标准工作溶液:吸取 5.00 mL K 储备标准溶液于 100 mL 容量瓶中,用去离子水稀释至刻度,配成 50 m g·L^{-1}。

(7)Na 标准工作溶液:吸取 10.00 mL Na 储备标准溶液于 100 mL 容量瓶中,用去离子水稀释至刻度,配成 100 m g·L^{-1}。

(8)混合酸消化液 HNO_3 与 $HClO_4$ 以 4:1比例混合而成。

(9)1% HCl 溶液。

3. 其他

定量滤纸。

四、操作步骤

(1)土壤样品的预处理。土壤样品通常用浸提法处理样品。待测溶液中 Ca 对 K 的干扰不大,而对 Na 的干扰较大。可以用 $Al_2(SO_4)_3$ 抑制钙的激发减少

118

干扰。

称取 10 g 通过 1 mm 筛孔烘干土样放入 100 mL 带塞的锥形瓶中,加水 50 mL 盖好瓶盖,在振荡机上振荡 3 min 立即过滤,根据具体情况吸取一定体积浸出液,放入 50 mL 容量瓶中,加 1 mL $Al_2(SO_4)_3$ 溶液,定容,备用。

(2)标准系列溶液的配制及测定 在 9 个 50.0 mL 容量瓶中,分别加入 0.00, 2.00,4.00,6.00,8.00,10.00,12.00,16.00,20.00 mLK、Na 混合标准工作溶液,分别加入 1 mL $Al_2(SO_4)_3$ 溶液,定容,各瓶中分别含 K 为 0,2,4,6,8,10, 12,16,20 mg·L^{-1},含 Na 0,5,10,15,20,25,30,40,50 mg·L^{-1}。仪器预热 10～20 min 后,由稀到浓依次测定标准系列溶液中 K、Na 的发射强度,每个溶液要测 3 次,取平均值。然后在火焰光度计上测试未知液,记录检流计读数,在标准曲线上查出其浓度。

五、数据处理

以浓度为横坐标,K、Na 的发射强度为纵坐标,分别绘制 K、Na 的标准曲线。由未知试样的发射强度求出样品中的 K、Na 的含量(用质量分数表示)

六、思考题

1. 火焰光度计中的滤光片有什么作用?
2. 如果标准系列溶液浓度范围过大,则标准曲线会弯曲,为什么会有这种情况?

实验 4.17　原子吸收分光光度法测定
自来水中钙、镁的含量

一、实验目的

(1)掌握原子吸收分光光度法的基本原理。
(2)了解原子吸收分光光度计的基本结构及其使用方法。
(3)掌握应用标准加入法和标准曲线法测定自来水中钙、镁的含量。

二、实验原理

原子吸收分光光度法是基于物质所产生的原子蒸气对特定谱线(即待测元

素的特征谱线)的吸收作用进行定量分析的一种方法。若使用锐线光源,待测组分为低浓度,在一定的实验条件下,基态原子蒸气对共振线的吸收符合下式:

$$A = \varepsilon c l$$

当 l 以 cm 为单位,c 以 mol·L^{-1} 为单位表示时,ε 称为摩尔吸收系数,单位为 mol·L·cm^{-1}。上式就是 Lambert-beer 定律的数学表达式。如果控制 l 为定值,上式变为:

$$A = Kc$$

上式就是原子吸收分光光度法的定量基础。定量方法可用标准加入法或标准曲线法。标准曲线法是原子吸收分光光度分析中常用的定量方法,常用于未知试液中共存的基体成分较为简单的情况,如果溶液中基体成分较为复杂,则应在标准溶液中加入相同类型和浓度的基体成分,以消除或减少基体效应带来的干扰,必要时须采用标准加入法而不是标准曲线法。标准曲线法的标准曲线有时会发生向上或向下弯曲现象。要获得线性好的标准曲线,必须选择适当的实验条件,并严格实行。

三、仪器与试剂

1. 仪器

原子吸收分光光度计(任一型号),钙、镁空心阴极灯,烧杯(250 mL),无油空气压缩机或空气钢瓶,乙炔钢瓶,容量瓶(50 mL,100 mL),吸量管(5 mL,10 mL)。

2. 试剂

金属 Mg(G. R),MgCO$_3$(G. R),无水 CaCO$_3$(G. R),1 mol·L^{-1} HCl 溶液,浓 HCl(G. R)。

(1)1000 μg·mL^{-1} Ca 标准储备液:准确称取 0.6250g 的无水 CaCO$_3$(在 110℃下烘干 2 h)于 100 mL 烧杯中,用少量纯水润湿,盖上表面皿,滴加 1mol·L^{-1}HCl 溶液,直至完全溶解,然后把溶液转移到 250 mL 容量瓶中,用水稀释至刻度,摇匀备用。

(2)100 μg·mL^{-1} Ca 标准工作溶液:准确吸取 10.00 mL 上述钙标准储备液于 100 mL 容量瓶中,用水稀释至刻度,摇匀备用。

(3)1000 μg·mL^{-1} Mg 标准储备液:准确称取 0.2500g 金属 Mg 于100 mL 烧杯中,盖上表面皿,滴加 5 mL 1 mol·L^{-1} HCl 溶液溶解,然后把溶液转移到 250 mL 容量瓶中,用水稀释至刻度,摇匀备用。

(4)10 μg·mL^{-1} Mg 标准工作溶液:准确吸取 1.00 mL 上述 Mg 标准储备液于 100 mL 容量瓶中,用水稀释至刻度,摇匀备用。

四、实验步骤

1. 标准加入法

Ca 标准溶液的配制：在 5 个干净的 50 mL 容量瓶中，各加入 5.00 mL 自来水，然后依次加入 0.00,1.00,2.00,3.00 和 4.00 mLCa 的标准工作溶液，用蒸馏水稀释至刻度，摇匀备用。

2. Mg 标准溶液系列、样品溶液的配制及测定

准确吸取 1.00,2.00,3.00,4.00,5.00 mL 上述 Mg 标准工作溶液，分别置于 5 只 50 mL 容量瓶中，用水稀释至刻度，摇匀备用。

配制自来水样溶液：准确吸取适量（视 Mg 浓度而定）自来水置于 50 mL 容量瓶中，用水稀释至刻度，摇匀备用。

根据实验条件，将原子吸收分光光度计，按仪器操作步骤进行调节，待仪器电路和气路系统达到稳定，即可测定以上各溶液的吸光度。

五、数据处理

1. 记录实验条件

(1)仪器型号

(2)吸收线波长(nm)

(3)空心阴极灯电流(mA)

(4)光谱通带或光谱带宽(nm)

(5)乙炔流量(L·min^{-1})

(6)空气流量(L·min^{-1})

(7)燃助比

2. 列表记录测量

记录 Ca、Mg 标准系列溶液的吸光度，然后以吸光度为纵坐标，分别以 Ca、Mg 加入浓度为横坐标绘制 Ca 的工作曲线和 Mg 的工作曲线。

3. 计算水样中 Mg 的含量

根据自来水样的吸光度在上述工作曲线上查得水样中 Mg 的浓度(g·L^{-1})。若经稀释须乘上稀释倍数求得原始自来水中 Mg 含量。

4. 计算自来水中 Ca 的含量

延长 Ca 工作曲线与浓度轴相交，交点为 cx，根据 cx 换算为自来水中 Ca 的

含量。

六、思考题

1. 原子吸收光谱的理论依据是什么？
2. 原子吸收分光光度分析为何要用待测元素的空心阴极灯做光源？能否用氢灯或钨灯代替，为什么？
3. 如何选择最佳的实验条件？

实验 4.18　原子吸收分光光度法测定毛发中的锌

一、实验目的

(1)进一步熟悉和掌握原子吸收分光光度法进行定量分析的方法。
(2)学习和掌握样品的湿消化或干灰化技术。
(3)进一步熟悉和掌握原子吸收分光光度计的使用方法。

二、实验原理

Zn 是生物体必需的微量元素。Zn 广泛分布于有机体的所有组织中,有着重要的生理功能,它是多种与生命活动密切相关的酶的重要成分。例如,它是叶绿体内碳酸酐酶的组成成分,能促进植物的光合作用,对植物的生长发育及产量有着重大影响。对于人和动物,缺 Zn 会阻碍蛋白质的氧化以及影响生长素的形成,表现为食欲不振,生长受阻,严重时会影响繁殖机能。因此 Zn 的测定不仅是土壤肥力和植物营养的常测项目,也是人和动物营养诊断的常测项目。从毛发中 Zn 含量(常简称"发 Zn")可以判断 Zn 营养的正常与否,因此,测定发 Zn 为医院常用的诊断手段。

当条件一定时,原子吸收分光光度法的定量依据是:

$$A = Kc$$

人或动物的毛发,用湿消化法或干灰化法处理成溶液后,溶液对 213.9 nm 波长光(Zn 元素的特征谱线)的吸光度与毛发中 Zn 的含量呈线性关系,故可直接用标准曲线法测定毛发中 Zn 的含量。

三、仪器与试剂

1. 仪器

原子吸收分光光度计,乙炔钢瓶,无油空气压缩机或空气钢瓶,聚乙烯试剂瓶(500 mL),高温电炉(干灰化法),或可调温电加热板(湿灰化法),烧杯(250 mL),容量瓶(50 mL,500 mL),吸量管(5 mL)。干灰化法:瓷坩埚(30 mL)。湿灰化法:锥形瓶(100 mL),曲颈小漏斗。

2. 试剂

(1)0.5 mg·mL^{-1} Zn 的储备标准溶液:准确称取 0.5000 g 金属 Zn(99.9%),溶于 10 mL 浓 HCl 中,然后在水浴上蒸发至近干,用少量水溶解后移入 1000 mL 容量瓶中,用水稀释至刻度,摇匀,转入聚乙烯试剂瓶中储存。

(2)100 μg·mL^{-1} Zn 的工作标准溶液:吸取 10.00 mL Zn 的储备标准液置于 50 mL 容量瓶中,用 0.1 mol·L^{-1} HCl 定容。

(3)1% HCl 溶液:10% HCl 溶液:干灰化法用。

(4)HNO$_3$-HClO$_4$ 混合溶液:浓 HNO$_3$(d=1.42),HClO$_4$(60%)以 4:1 比例混合而成,湿消化法用。

四、实验步骤

1. 样品的采集与处理

用不锈钢剪刀取 1~2 g 枕部距发根 1~3 cm 处的发样,剪碎至 1 cm 左右,于烧杯中用中性洗涤剂浸泡 2 min,然后用自来水冲洗至无泡,这个过程一般须重复 2~3 次,以保证洗去头发样品上的污垢和油腻。最后,发样用蒸馏水冲洗 3 次,晾干,置烘箱中于 80℃ 干燥至恒重(约 6~8 h)。

准确称取 0.1 g 发样于 30 mL 瓷坩埚中,先于电炉上炭化,再置于高温电炉中,升温至 500℃ 左右,直至完全灰化。冷却后用 5 mL 10% HCl 溶液溶解,用 1% HCl 溶液定容成 50.0 mL,待测(干灰化法)。

也可将准确称取的 0.1 g 发样置于 100 mL 锥形瓶中,加入 5 mL 4:1 HNO$_3$-HClO$_4$,上加弯颈小漏斗,于可控温电热板上加热消化,温度控制在 140~160℃。待约剩 0.5 mL 清亮液体,冷却。加 10 mL 水微沸数分钟再至近干,放冷。反复处理 2 次后用水定容成 50.0 mL,待测(湿消化法)。同时制作空白。

2. 标准系列溶液的配制

在 5 只 50 mL 容量瓶中,分别加入 1.00 mL,2.00 mL,3.00 mL,4.00 mL,

5.00 mLZn 的工作标准溶液,加水稀释至刻度,摇匀,待测。

3. 测量

按原子吸收分光光度计的仪器操作步骤开动仪器。选定测定条件:测定波长,空心阴极灯的灯电流,狭缝宽度,空气流量,乙炔流量等。安装 Zn 空心阴极灯,用蒸馏水调节仪器的吸光度为 0,按由稀到浓的次序测量标准系列溶液和未知试样的吸光度。

五、数据处理

1. 线性回归法

绘制标准曲线,并求出毛发 Zn 的含量。

2. 计算机数据处理法

现代原子吸收分光光度计均备有计算机数据处理(软件)系统,只要将实验测得吸光度 A 及相应的标准溶液浓度数据分别输入计算机中,即可给出一条回归直线(标准曲线)、线性回归方程和相关系数。由未知试样的吸光度便能很快求出毛发中的 Zn 含量,并可根据相关系数评价实验数据的线性关系。

六、思考题

1. 原子吸收分光光度法中,吸光度 A 与样品浓度 c 之间具有什么样的关系?当浓度较高一般会出现什么情况?

2. 测“发 Zn”有什么实际意义?

实验 4.19   气相色谱法测定白酒中甲醇的含量

一、实验目的

(1)了解气相色谱仪(火焰离子化检测器 FID)的使用方法。

(2)掌握外标法定量的原理。

(3)了解气相色谱法在产品质量控制中的应用。

二、实验原理

气相色谱法(gas chromatography)是一种分离效果好、分析速度快、灵敏度高、操作简单、应用范围广的分析方法。它是以气体为流动相(又称载气),当气体携带着欲分离的混合物流经色谱柱中的固定相时,由于混合物中各组分的性质不同,它们与固定相作用力大小不同,所以组分在流动相与固定相之间的分配系数不同,经过多次反复分配之后,各组分在固定相中滞留时间长短不同,与固定相作用力小的组分先流出色谱柱,与固定相作用力大的组分后流出色谱柱,从而实现了各组分的分离。色谱柱后接一检测器,它将各化学组分转换成电的信号,用记录装置记录下来,便得到色谱图。每一个组分对应一个色谱峰。根据组分出峰时间(保留值)可以进行定性分析,峰面积或峰高的大小与组分的含量成正比,可以根据峰面积或峰高大小进行定量分析。图4-8为典型的气相色谱仪器示意图。

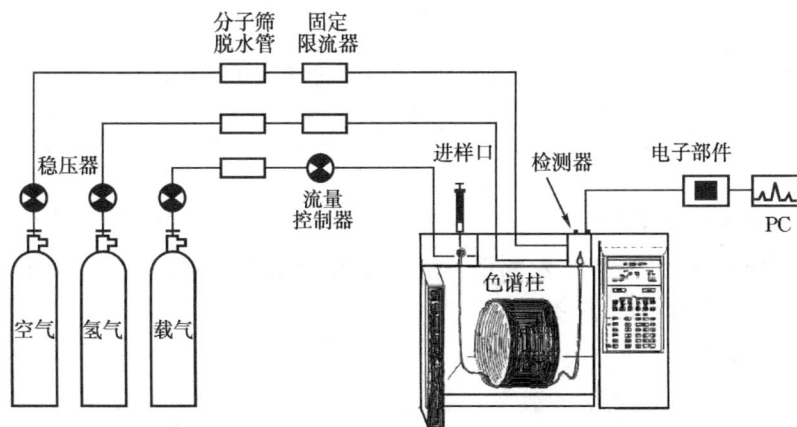

图4-8 气相色谱仪示意图

在酿造白酒的过程中,不可避免地有甲醇产生。根据国家标准(GB 10343—89),食用酒精中甲醇含量应低于 $0.1\,g \cdot L^{-1}$(优级)或 $0.6\,g \cdot L^{-1}$(普通级)。利用气相色谱可分离、检测白酒中的甲醇含量。

外标法,也称标准校正法,是色谱分析中应用最广、易于操作、计算简单的定量方法。它是通过配制一系列组成与试样相近的标准溶液,按标准溶液谱图,可求出每个组分浓度或量与相应峰面积或峰高校准曲线。按相同色谱条件试样色谱图相应组分峰面积或峰高,根据校准曲线可求出其浓度或量。但它是一个绝对定量校正法,标样与测定组分为同一化合物,分离、检测条件的稳定性对定量结果影响很大。为获得高定量准确性,定量校准曲线经常重复校正是必须的。在实际分析中,可采用单点校正。只需配制一个与测定组分浓度相近的标样,根据物质含量与峰面积成线性关系,当测定试样与标样体积相等时:

$$m_i = m_s \cdot A_i / A_s$$

式中：m_i，m_s 为试样和标样中测定化合物的质量（或浓度），A_i，A_s 为相应峰面积（也可用峰高代替）。单点校正操作要求定量进样或已知进样体积。

本实验中白酒中甲醇含量的测定采用单点校正法，即在相同的操作条件下，分别将等量的试样和含甲醇的标准样进行色谱分析，由保留时间可确定试样中是否含有甲醇，比较试样和标准样中甲醇峰的峰高，可确定试样中甲醇的含量。

三、仪器与试剂

1. 仪器

4890 气相色谱仪，火焰离子化检测器，$1\,\mu L$ 微量注射器。

2. 试剂

甲醇（色谱纯），无甲醇的乙醇：取 $0.5\,\mu L$ 进样无甲醇峰即可。

四、实验步骤

1. 标准溶液的配制

用体积分数为 60% 的乙醇水溶液为溶剂，分别配制浓度为 $0.1\,g \cdot L^{-1} \sim$ $0.6\,g \cdot L^{-1}$ 的甲醇标准溶液。

2. 色谱条件

色谱柱：HP - 5 石英毛细管柱（30 m×0.25 mm×0.25 μm）；

载气（N_2）流速：40 mL·min^{-1}，氢气（H_2）流速：40 mL·min^{-1}，空气流速：450 mL·min^{-1}。

进样量：$0.5\,\mu L$；

柱温：100℃；

检测器温度：150℃；气化室温度：150℃；

3. 操作

通载气，启动仪器，设定以上温度条件。待温度升至所需值时，打开氢气和空气，点燃 FID（点火时，H_2 的流量可大些），缓缓调节 N_2、H_2 及空气的流量，至信噪比较佳时为止。待基线平稳后即可进样分析。

在上述色谱条件下进 $0.5\,\mu L$ 标准溶液，得到色谱图，记录甲醇的保留时间。在相同条件下进白酒样品 $0.5\,\mu L$，得到色谱图，根据保留时间确定甲醇峰。

五、结果计算

(1)确定样品中测定组分的色谱峰位置。

(2)按下式计算白酒样品中甲醇的含量：

$$W = W_s \cdot h / h_s$$

式中，W 为白酒样品中甲醇的质量浓度，单位为 $g \cdot L^{-1}$；

W_s 为标准溶液中甲醇的质量浓度，单位为 $g \cdot L^{-1}$；

h 为白酒样品中甲醇的峰高；

h_s 为标准溶液中甲醇的峰高。

比较 h 和 h_s 的大小即可判断白酒中甲醇是否超标。

六、注意事项

(1)必须先通入载气，再开电源，实验结束时应先关掉电源，再关载气。

(2)色谱峰过大过小，应利用"衰减"键调整。

(3)注意气瓶温度不要超过 40℃，在 2 m 以内不得有明火。使用完毕，立即关闭氢气钢瓶的气阀。

七、思考题

1. 外标法定量的特点是什么？它的主要误差来源有哪些？

2. 如何检查 FID 是否点燃？分析结束后，应如何关气、关机？

附

气相色谱有关基本操作

1. 气体钢瓶的正确使用

气相色谱仪通常以钢瓶气体为气源，有载气和燃气。常用的载气为氮气、氢气和氦气，火焰离子化检测器、氮磷检测器及火焰光度检测器用氢气作燃气和空气作助燃气。氮气、氢气和空气也可用气体发生器和空压机提供。钢瓶气由气体厂提供，其纯度分为普纯级和高纯级，普纯级的纯度为 99.9% 以上，即可满足填充柱气相色谱要求。高纯级的纯度为 99.99% 以上，供毛细管柱气相色谱作载气。气瓶颜色规定：氢气为绿底红字，氮气为黑底黄字，压缩空气为黑底白字。瓶上注明了纯度级别。正常气瓶耐压限为 1.5×10^4 kPa(150 kg $\cdot$ cm^{-2})，使用过久质量下降的标"降压"二字，其耐压小于 1.0×10^4 kPa。

氢气和氮气不允许用完，以免有空气从瓶外反扩散到钢瓶内，造成气体纯度下降。而且当气瓶内压力低于使用压力(200 kPa)的 2.5 倍时即无法通过减压表获得稳定的气流。因此，当瓶内压力低于 500 kPa 时即应立即停止使用，需要重新充气。

钢瓶的瓶嘴上有一阀瓣开关,注意与常规阀门相反,顺时针方向旋转为开启,逆时针方向旋转为关闭。在瓶嘴安装减压表后才能开启钢瓶。阀瓣开关里有一片聚四氟乙烯或钢制垫圈保持开关的气密性。当多次开启关闭之后,垫圈受到磨损,开关的气密性下降可能产生漏气现象,应及时更换密封垫圈。更换密封垫圈时,用扳手将阀瓣开关固紧在顺时针尽头位置,用大扳手将阀瓣的固紧螺母逆时针方向松开,自瓶嘴上取下固紧螺母与阀瓣,而后用新垫圈(可用广口试剂瓶密封内盖自制)取代旧垫圈,最后将阀瓣与螺母恢复到原来的位置,用扳手顺时针方向旋紧螺母。

2. 减压表的安装与正确使用

气相色谱仪使用的各种气体压力为 $200\sim400$ kPa,因此高压钢瓶气源需用减压表减压后输出。

减压表一般分为氢气表和氧气表两种。氢气表和氢气钢瓶嘴是反扣螺纹,逆时针方向旋紧,顺时针方向松开。而氧气表与氧气钢瓶和其他钢瓶的瓶嘴都是正扣螺纹,氧气减压表可以安装在除氢气等燃气瓶以外的各种气瓶上。安装减压表时,要注意瓶嘴螺纹与减压表螺纹是否匹配,一定要使二者扣紧(瓶嘴螺丝一般有 $7\sim8$ 圈,扣紧是指进入 6 圈以上),并且要防止碰伤表舌(氧气减压表的表舌呈半球形,伸入瓶嘴后压紧在瓶嘴里的凹形面上)。

减压表上装有两个弹簧压力表,一个指示钢瓶内气体压力,一个指示减压后的气体压力。减压后的气体压力可由 T 形阀杆调节,顺时针方向旋转增加出口压力,逆时针方向则相反。除非减压阀压力已事先调好,每次开启钢瓶阀瓣之前都应检查减压阀(T 形阀)是否处于放松位置(关闭出口),防止气路系统气压骤增而损坏仪器阀门。

特别注意氢气气源到流量控制器的压力不能超过 0.5 MPa,否则可能损坏流量控制器造成泄漏,这将是十分危险的。

3. 净化管的清洗与装填

净化管用来净化氢气、氮气和压缩空气。净化管中可以装填 5A 分子筛,之后装入少量变色硅胶,变色硅胶由兰变红说明分子筛需要重新活化。5A 分子筛可在 $500\sim600℃$ 加热 2h 或在真空下 $130℃$ 加热 1h 而活化,变色硅胶在 $120℃$ 加热活化。净化管入口和出口应加标志,出口应用少量纱布、脱脂棉轻轻塞上,防止净化剂粉末流出净化管吹进色谱仪。

4. 管道连接

气相色谱仪采用不绣钢管,靠螺母、压环和"o"形密封垫圈进行连接。连接载气管的一端到载气钢瓶上,另一端到主机后部的载气管进口。连接氢气管的一端到氢气钢瓶上,另一端到 FID 流量调节器的氢气管上(不可使用橡胶管和塑料管作氢气导管)。空气导管的一端连接到空压机或空气钢瓶上,另一端连接到 FID 流量调节器的空气进口管上。

连接管道时应注意:a. 拧紧接头螺母时应同时使用两个扳手,以免部件变形和损坏。b. 螺母与螺丝要匹配,先用手扣好螺纹拧紧螺母,再用扳手紧固,保证气密性,避免损坏接头。

5. 检漏

色谱仪的气路必须密封不漏气,否则,实验会出现异常,造成数据波动。用氢气作载气时,若氢气从柱出口漏进柱恒温箱,可能会发生爆炸事故。

常用检漏方法是皂膜检漏法,用毛笔蘸肥皂水于各接头处,观察有无气泡冒出,检漏完毕用干布将皂液擦净。一旦发现漏气,必须立即关机,检修后方可再次开机。

6. 安装色谱柱

对填充柱,先在接口处放上垫圈,将经过老化的填充柱入口端对准柱温箱顶部气化室出口处,拧紧螺丝。填充柱出口端对准检测器进口处,拧紧螺丝。

注意:拧得过紧会损坏垫圈和接口。

对毛细管柱,先松开柱温箱顶部气化室出口处螺丝,小心将毛细管一端穿过螺帽和石墨的中心小孔,垂直向上插入管中约 2 cm,拧紧螺帽。同样将另一端插入检测器进口管中,深度以触及 FID 喷嘴处为止,拧紧螺帽。

微量注射器的使用

气相色谱中液体进样一般用微量注射器。微量注射器是很精密的进样工具,容量精度高,误差小于 5%,气密性达 2 kg·cm^{-2},由玻璃和不锈钢制成,有芯子、垫圈、针头、玻璃管、顶盖等部件。微量注射器使用时应该注意以下几点:

(1)它是易碎器械,使用时应该多加小心。不用时要放入盒内,不要来回空抽,特别是在未干情况下来回拉动,否则会严重磨损,破坏其气密性。

(2)当试样中高沸点样品沾污注射器时,一般可以用下述溶液依次清洗:5% 氢氧化钠水溶液,蒸馏水,丙酮,氯仿,最后抽干,不宜使用强碱溶液洗涤。

(3)如果注射器针头堵塞,应该用直径为 0.5 mm 细钢丝耐心地穿通。不能用火烧,防止针尖退火而失去穿刺能力。

(4)若不慎将注射器芯子全部拉出,应该根据其结构小心装配,不可强行推回。

(5)进样操作步骤。用微量注射器进液体样品分为三步:

①洗针。用少量试样溶液将注射器润洗几次。

②取样。将注射器针头插入试样液面以下,慢慢提升芯子并稍多于需要量。如注射器内有气泡,则将针头朝上,使气泡排出,再将过量试样排出。用吸水纸擦拭针头外所沾试液,注意勿擦针头的尖,以免将针头内试液吸出。

③进样。取好样后应该立即进样。进样时注射器应该与进样口垂直,一手拿注射器,另一只手扶住针头,帮助进样,以防针头弯曲。针头穿过硅橡胶垫圈,将针头插到底,紧接着迅速注入试样。注入试样的同时,按下起始键。切忌针头插进后停留而不马上推入试样。推针完后马上将注射器拔出。整个进样动作要稳当、连贯、迅速。针头在进样器中的位置、插入速度、停留时间和拔出速度都会影响进样重现性,操作中应予以注意。

Agilent 4890 气相色谱仪操作步骤

1. 仪器准备

Agilent4890 气相色谱仪。

进样口:毛细管柱进样口。

检测器:氢离子火焰检测器(FID)及热导检测器(TCD)。

色谱柱:HP-5 石英毛细管色谱柱 。

2. 气体准备

高纯氢气(99.999%);干燥空气;载气:高纯氮气(99.999%)。

3. 基本操作步骤

(1)打开气源:先打开氮气瓶,随后打开瓶上两级减压阀(该阀为逆向阀),使指针指向 5。

(2)打开氢气发生器。

(3)打开计算机,进入 Windows 2000 画面。

(4)打开 4890 电源。

(5)待仪器自检完毕,双击"Cerity QA-QC"图标,化学工作站自动与 4890 通讯。

注意:计算机一旦与 4890 连接,4890 上键盘除[start]与[stop]外,其余均不起作用,需用计算机控制。

4. 仪器配置

根据色谱仪的实际配置,正确配置仪器参数。("仪器"→"配置"),单击"配置"→"操作员姓名"→"添加"设定操作人员的信息。

5. 数据采集方法编辑

单击"方法"标签→单击"创建"。

(1)选择"创建新方法"。

(2)在"新方法名"中输入新方法名称。

① 选择新方法要应用的仪器;

② 单击"确定"进入下一界面。

可在方法标签内的说明栏中输入方法的相关信息。单击"采集",设定仪器参数,设定完后,单击下部的"保存"。单击"仪器"→"状态"→"下载",将编辑好的方法应用到仪器。

6. 点火

待检测器温度高于 200℃ 时方可点火,打开 4890 左上角氢气旋钮按[PRESS]键点火。可拿一冷的有光亮的平板在收集器出口处试一下,持续出现凝结水表示火已点着。

7. 注册样品

单击"样品"→"编辑",编辑样品信息,标准品应在样品类型中选"校准",待测样品应选"样品",样品信息输完后,单击"注册样品"。

8. 开始样品测试

单击"仪器"→"工作列表"→"开始",启动工作列表程序,可将界面切换到"实时绘图",观察基线,待状态栏中出现"等待进样"且基线满足要求后即可进样(手动进样)。进样后立即按 4890 键盘上[start]键,计算机显示一标记并开始记录图像,测完一样品后,按键盘上[stop]键,随后可继续下一样品的测量。

9. 数据分析

(1)积分事件优化:"方法"→选择所用的方法→"分析"→"基本谱图"打开所要分析的数据→在"初始设定"、"时间事件"中设定适当的参数,直至得到理想的积分结果。

(2)谱图优化:"方法"→选择所用的方法→"图形选项",使用"自动设定",如谱图不理想,手动设定"时间范围"和"响应范围",直至得到理想的谱图。

(3)报告输出设定:"方法"→"输出",选择所需的报告格式。

(4)保存方法:再次进样后,在"样品"→"报告"中即会得到所需的报告。

10. 关机

先关 4890 上氢气旋钮至 OFF;关氢气发生器;关 4890,按 4890 键盘上[STOP]键,待柱箱温度降至50℃以下才可以关闭;关计算机;最后关氮气瓶:先关两级减压阀,再关总阀。

实验 4.20　气相色谱内标法定量测定正辛烷中的异辛烷

一、实验目的

(1)学习并掌握内标法定量的原理。
(2)掌握校正因子的测定方法。

二、实验原理

内标法是一种相对定量校正法,分离、检测条件对定量结果影响较小。当样品中的所有组分因各种原因不能全部流出色谱柱,或检测器不能对各组分都有响应,或是只需测定样品中某几个组分时,可采用内标法定量。内标法的原理是:准确称取一定量样品,加入一定量的内标物,根据被测物和内标物的质量及其在色谱图上的峰面积比。求出被测组分的含量,计算公式如下:

$$P_i = \frac{A_i \times f_i \times m_s}{A_s \times f_s \times m} \times 100\%$$

式中, P_i 为组分 i 的质量分数; m, m_s 分别为样品和内标物的质量; A_i, A_s 分别为被测组分和内标物的峰面积; f_i, f_s 分别为被测组分和内标物的相对校正因子。

内标物的选择应符合下列要求:(1)它应是试样中不含有的组分;(2)内标物应为稳定的纯品,并与试样互溶,但不发生化学反应;(3)内标物与试样组分的色谱峰能分开,并尽量靠近;(4)内标物的量应接近被测组分的含量。

三、仪器与试剂

1. 仪器

6890N 气相色谱仪,带氢火焰检测器,HP－5 石英毛细管柱(30 m×0.25 mm×0.25 μm),微量注射器。

2. 试剂

正辛烷,异辛烷,甲苯,未知试样。

四、实验步骤

(1)打开载气 N_2,通气约 5 min。
(2)打开气相色谱仪,将气化室、柱箱、检测器温度分别设置为 150,95,

150℃,并开始升温。

(3)通 H_2 和压缩空气,流速分别为 45 mL·min^{-1}和 400 mL·min^{-1}。

(4)启动点火装置并检查氢火焰是否已点燃。

(5)色谱仪稳定后,用微量注射器注入未知样 0.5 μL,记录保留时间。

(6)将 0.2 μL 正辛烷和异辛烷的标样分别注入色谱柱,记下各自的保留时间。

(7)注入 1 μL 已知浓度的正辛烷、异辛烷、甲苯混合物标样,记录保留时间和峰面积,此步骤重复 3 次(用于计算组分的校正因子)。

(8)称量未知试样质量 m。

(9)称量内标物甲苯的质量 m_s,加入上述未知物中并混合均匀。

(10)取 1 μL 含有内标物的未知样品注入色谱柱,记录保留时间和峰面积,此步骤重复 3 次。

(11)实验结束后关闭电源,氢气,压缩空气,待柱温降至室温后关闭载气。

五、数据记录与处理

(1)列表记录保留值及峰面积的结果。
(2)计算绝对校正因子和相对校正因子。
(3)计算异辛烷的含量。

六、注意事项

(1)测定校正因子时,进样体积不必十分准确,但也不能相差太多。

(2)进样后,发现进样有错误,需重做,必须等错误进样色谱峰全部出完后再重新进样,否则,两次进样的峰会混在一起。

(3)计算内标物浓度时,是用内标物质量除以样品质量,而不是用内标物质量除以样品质量加上内标物的质量。

七、思考题

1. 实验中是否要严格控制进样量? 为什么?
2. 气相色谱定量分析中,与外标法相比较,内标法有何优缺点?

附 Aglient 6890N 气相色谱仪基本操作

(1)打开氮气阀,打开空气泵,氢气发生器电源。

(2)打开计算机电源,待其自检完毕,双击 Instrument 1 online 图标,进入工作站界面。

（3）打开 6890N 型气相色谱仪电源。

（4）从 View 菜单中选择 Method and run control 画面,单击 Show top tool-bar,Show status toolbar,Instrument diagram,Sampling Diagram,使其命令前有"√"标志,调出所用界面。从 View 菜单中选择 Edit Entire Method 项,选中除 Data Analysis 外的三项,单击 OK,进入下一界面。

（5）在 Method Comment 中输入方法的信息,单击 OK,进入下一界面。

（6）如使用自动进样器,则在 Select Injection Source/Location 画面中选择 GC Injector,并选择所用进样口的物理位置（Front 或 Back）,单击 OK,进入下一界面。

（7）点击 Instrument diagram 中的柱图标,在调出的如下界面中输入所使用进样口和检测器的位置,输入适当的柱前压、流速、线速率（三者只输一个即可）,点击 Apply 钮。

（8）点击进样器图标,进入设定画面。选中进样器的位置,Pre Injection 下的 Sample 后面输入用样品洗针的次数,Solvent A 后面输入溶剂 A 洗针的次数,Solvent B 后面输入溶剂 B 洗针的次数,Pumps 后面输入赶气泡的次数,然后点击 Apply 钮。

（9）单击阀 Valve 图标,进入阀编辑画面。若阀用于气体进样,在 Configure 下选择 Switching,点击 Apply 钮。（仪器上有几个就选几个,与 Time Table 配合使用进行阀进样）

（10）单击 Inlet 图标,进入进样口设定画面。单击 Apply 上方的下拉式箭头选中进样口的位置选项（Front 或 Back）;单击 Gas 下方的下拉式箭头,选择合适的载气类型（如 N_2）;在 Setpoint 下方的空白框内输入进样口的温度、进样口的压力,然后点击 On 前面的方框,点击 Apply 钮。

（11）分流/不分流进样口参数设定。单击 Inlet 图标,进入进样口设定画面。单击 Apply 上方的下拉式箭头,选中进样口的位置选项（Front 或 Back）;单击 Gas 下方的下拉式箭头,选择合适的载气类型（如 N_2）;单击 Mode 下方的下拉式箭头,选择合适的进样方式（如不分流方式 Splitless,分流方式 Split）,在 Setpoint 下方的空白框内输入进样口的温度、进样口的压力,然后点击 On 下方的所有方框;在 Split Vent 右边的空白框内输入吹扫流量（如 0.75 min 后60 mL·min^{-1}）,点击 Apply 钮。（若选择分流方式,则要输入分流比）

（12）点击 Oven 图标,进入柱温项参数设定。在 Setpoint 右边的空白框内输入初始温度,点击 On 左边的方框;Ramp 为升温阶次;℃·min^{-1} 为升温速率;Hold 为在下一个温度前保持的时间;也可输入柱子的最大耐高温、平衡时间（如 325℃,3 min）,然后点击 Apply 钮。

(13)FID 检测器参数设定。单击 Detector 图标,进行检测器参数设定。单击 Apply 上方的下拉式箭头,选中进样口的位置选项(Front 或 Back),在 Setpoint 下方的空白框内输入:$H_2-35\ mL\cdot min^{-1}$;$air-400\ mL\cdot min^{-1}$;检测器温度(如 300℃);辅助气体(如 $25\ mL\cdot min^{-1}$),并选择辅助气体的类型(如 N_2),并选中该参数,然后点击 Apply 钮。

(14)信号参数设定点击 Signal 图标,进入信号参数设定画面。在 Signal 1 或 Signal 2 处选择 Det,在 Source 处选 Front Detector 或 Back Detector,即选择所使用的检测器,单击 OK。

(15)从 Method 菜单中点击 Run Time Checklist,再在其中选中 Data Acquisition,单击 OK。

(16)从 Method 菜单中选中 Save method as,输入一方法名,单击 OK。

(17)从 Run control 菜单中选择 Sample info,在 Data File 栏中选择 Prfix/Counter,在 Prefix 框中输入前缀,在 Counter 框中输入计数器起止位置,在 Sample Parameters 栏下 Vial 后的框中输入样品瓶所在的位置,使用前进样口数字前加 10,使用后进样口加 20(例如,101,201),单击 OK。

(18)Start 按钮变绿时,点 Start 钮开始进样。

关机方法:调出提前编好的关机方法,此方法包括关闭检测器,降温各加热部分,关闭氢气,空气。待各部分温度降到 50℃ 以下,退出工作站,关闭计算机,关闭 GC 电源,最后关闭载气。

实验 4.21 N_2、NO_2、O_2、CH_4 等混合气体的气固色谱法分析

一、实验目的

(1)熟悉气固色谱法分析气体样品的一般方法。
(2)学会正确使用气相色谱仪。
(3)掌握归一化法定量的基本原理。

二、实验原理

气体样品的分析通常是采用气固色谱法。其原理是利用色谱柱中填充的固体吸附剂对样品中各组分进行吸附 - 解吸能力的不同,从而使各组分得到分离。在这种吸附色谱中常用吸附等温线来描述气体样品在吸附剂上的浓度与样品在载气中的浓度的比值,也就是说,固体吸附剂上气体样品的浓度随气相中气体

样品浓度的增加而线性地增加,这使得吸附等温线为一条直线,所得到的色谱峰为一对称峰。然而,在实际分析中,这样的吸附等温线很难得到,只有在样品浓度极低的情况下才有可能出现,多数情况下是处于非线性吸附等温线的状态,与其相对应的色谱峰或是拖尾峰或是伸舌峰。因此,样品进样量直接影响到色谱峰的形状,同时也影响保留时间的重现性,当进样量过大时,峰形拖尾,保留时间位移,各组分之间的分离变差。因此,只有在低浓度状态下,吸附等温线近似直线,所以样品的进样量应尽量减少。

归一化法是常用的一种简便、准确的定量方法,其定量结果与进样量重复性无关,操作条件略有变化时对结果影响较小。使用这种方法的条件是,样品中的所有组分都要流出色谱柱,且在检测器上都产生信号。归一化法计算公式如下:

$$P_i = \frac{A_i f_i}{A_1 f_1 + A_2 f_2 + A_n f_n}$$

式中,P_i 为 i 组分的百分含量;$A_1, A_2, \cdots, A_n$ 为各组分的峰面积;$f_1, f_2, \cdots, f_n$ 为各组分的相对校正因子。上式中的峰面积可用峰高代替。

绝对校正因子是指在一定操作条件下,进样量 m 与峰面积 A 或峰高 h 成正比,即 $f = m/A$,比例因子 f 称为绝对校正因子,因受操作条件的影响,其不易测准,因此在定量分析中常采用相对校正因子,即某组分与标准物质的绝对校正因子之比,此比值不受实验条件的影响,只与检测器类型有关。若样品中各组分的相对校正因子相近,可将校正因子消去,直接用峰面积归一化进行计算。

三、仪器与试剂

1. 仪器

气相色谱仪(带热导检测器),色谱柱,5A 分子筛($60 \sim 80$ 目,$4 \text{ mm} \times 3 \text{ m}$),氦气,皂膜流量计,停表,注射器。

2. 试剂

N_2、NO_2、O_2、CH_4 标准气,混合气样品。

四、实验步骤

(1)打开氦气钢瓶,以氦气为载气,用皂膜流量计在热导检测器的出口检查载气是否流过色谱仪,调整流速约为 $40 \text{ mL} \cdot \text{min}^{-1}$。

(2)设置并恒定柱温为 40℃,热导检测器温度为 100℃,气化室温度为 100℃。

(3)打开热导检测器开关,调节桥流为 100 mA。

(4)打开色谱数据处理机,输入所需的各种参数。

(5)待仪器稳定后,用注射器注入 0.3 mL N_2,记录组分的保留时间和半峰宽。

(6)改变进样量(0.5~6 mL)重复步骤(5)共 3~4 次。

(7)进 1.0 mL 混合气样品。

(8)分别注入 0.3 mL N_2,NO_2,O_2,CH_4 标准气体,记录保留时间。

(9)实验结束后首先关闭热导桥流的开关,随后关闭其他电源。

(10)待柱温降至室温后,关闭载气钢瓶。

五、数据处理

(1)详细记录色谱分析的实验条件,包括所用仪器的型号,色谱柱的填料、尺寸、材质,载气种类、流速,检测器类型,参数和进样量等。

(2)考查并讨论进样量对组分保留时间和半峰宽的影响。

(3)利用文献的校正因子和归一法定量计算混合物中 N_2,NO_2,O_2,CH_4 混合气体中各组分的含量。

六、注意事项

(1)先通载气,确保载气通过热导检测器后,方才可以打开桥流开关。

(2)在用注射器进样时,因进样器内外有一定的压差,应注意安全使用注射器。

七、思考题

1. 校正因子有几种表示方法?它们之间有什么关系?

2. 为什么在分析气体样品时常采用热导检测器,热导检测器的检测灵敏度与其桥电流值有关系吗?

实验 4.22　气相色谱质谱联用测定挥发性有机污染物

一、实验目的

(1)掌握气相色谱质谱联用(GC/MS)法的基本原理。

(2)掌握利用 GC/MS 进行有机物分析测定的方法。

二、实验原理

质谱分析法主要是试样分子在高能粒子束(电子、离子、分子等)作用下电离生成各种类型带电粒子或离子,采用电场、磁场将离子按质荷比大小分离,依次排列成图谱,即质谱。质谱不是光谱,是物质的质量谱。质谱中没有波长和透光率而是离子流或离子束的运动。样品的质谱图包含着样品定性和定量的信息。对样品的质谱图进行处理,可以得到样品定性和定量的分析结果。因而质谱分析法是通过对样品离子的质荷比的分析来实现样品定性和定量的一种分析方法。

任何质谱仪器都必须有电离装置把样品电离为离子,还必须有质量分析装置把不同质荷比的离子分开,再经过检测器检测之后,得到样品分子(或原子)的质谱图。图4-9为一般质谱仪的结构框图。质谱仪一般由四个主要部分和其他一些辅助设备组成。进样系统的作用是将样品引入离子源。离子源是使气态样品中的原子或分子电离生成离子的装置,除了使样品电离外,离子源还必须使生成的离子会聚成有一定能量和几何形状的离子束后引出。质量分析器是利用电磁场包括磁场、磁场与电场组合、高频电场、高频脉冲电场等的作用将来自离子源的离子束中不同质荷比的离子按空间位置、时间先后等形式进行分离的装置。检测器则是用来接收、检测和记录被分离后的离子信号的装置。

质谱图的横坐标是质荷比,纵坐标为离子的强度。离子的绝对强度取决于样品量和仪器灵敏度。离子的相对强度和样品分子结构有关,一定的样品,在一定的电离条件下得到的质谱图是相同的,这是质谱图进行有机物定性分析的基础。目前,对于进行有机分析的质谱仪,它的数据系统都存有十几万到几十万个化合物的标准质谱图,得到一个未知物质谱图后,可以通过计算机进行库检索,查得该质谱图所对应的化合物。

质谱法具有灵敏度高、定性能力强的特点,但对复杂物质的分析就无能为力了,而气相色谱法分离效率高、定量分析简便,但定性能力较差。因此,若将气相

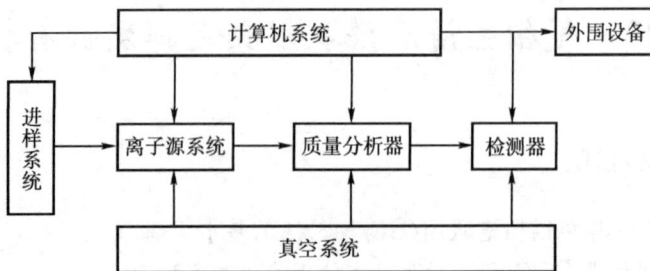

图 4-9 质谱仪结构方框图

色谱法高效分离混合物的特点与质谱法高分辨率地鉴定化合物的特点相结合则可相互取长补短,解决许多复杂的分析问题。这种由两种或多种方法结合起来的技术称为联用技术。由气相色谱和质谱结合起来的技术叫做气相色谱/质谱联用,简称气/质联用(GCMS)。

GC/MS的分析过程为:当一个混合物样品注入色谱柱后,在色谱柱上进行分离,每种组分以不同的保留时间流出色谱柱。经分子分离器除去载气,只让组分分子进入离子源(若是从毛细管柱流出,则可以直接进入离子源),经电离后,设置在离子源出口狭缝安装的总离子流检测器检测到离子流,经放大后即可得到该组分的色谱图,称为总离子流色谱图(TIC)。当某组分出现时,总离子流检测器发出触发信号,启动质谱仪开始扫描而获得该组分的质谱图。

在GC/MS联用技术中,气相色谱是质谱仪理想的进样器,试样经色谱法分离后以纯物质形式进入质谱仪,从而可以发挥质谱法的特长。质谱仪能检出几乎全部化合物,灵敏度又很高,对气相色谱法来说,它是一个理想的检测器。在GC/MS分析中,不仅可以提供保留信息,还可以提供质谱图,定性可靠。

目前,GC/MS定性分析主要依靠数据库检索进行。得到总离子色谱图之后,可以逐一对每个峰进行检索,得到样品的定性分析结果。用GC/MS法进行有机物定量分析,其基本原理与GC法相同,即样品量与总离子(或选择离子)色谱峰面积成正比。定量分析方法有归一化法、外标法和内标法。

GC/MS联用技术的应用十分广泛,比如环境污染物分析、食品香味分析鉴定到医疗诊断、药物代谢研究(包括药检)等,都可以应用该方法。

本实验采用几种挥发性有机污染物为分析对象,采用GC/MS技术进行分离和检测。

三、仪器及试剂

1. 仪器

Aglient 6890N/5973 GC/MS,HP - 5MS 石英毛细管色谱柱(30 m × 0.25 mm×0.25 μm),微量进样器,高纯氦气(99.999%)。

2. 试剂

三氯乙烯(A.R),四氯乙烯(A.R),苯(A.R),甲苯(A.R),正己烷(A.R),实验用试样为其混合得到。

四、实验步骤

(1)仪器启动与调谐:打开气源,气相色谱、质谱、计算机电源开关,待自动联机完成后,执行抽真空操作。质谱仪在真空下工作,要达到必要的真空度需先用扩散泵(或涡轮分子泵)抽真空。如果采用扩散泵,从开机到正常工作需要 2h 左右,若采用涡轮分子泵则只需 30 min 左右。根据 Aglient 6890N/5973 GC/MS 软件控制系统可得知真空度,当真空显示要在 10^{-5} mbar(1bar$=0.1$MPa)或更高的真空下才能正常工作。然后进行仪器调谐,可通过仪器的"autotune"(自动调谐)操作来完成。

(2)设定实验条件 质谱仪工作参数设定主要是设置质量范围、扫描速度、电子能量和倍增器电压。同样,根据目标分析物性质设置合适的 GC 操作条件。

(3)进样量 $0.2~\mu L$,在设定的实验条件下进行分析。得到样品的总离子流色谱图(TIC)。

五、数据记录及处理

根据色谱图上相应各组分的质谱图,通过仪器自带的质谱谱库检索,根据相似度指数判断样品中存在的组分数量并确定组分。

(1)显示并打印总离子色谱图。

(2)显示并打印每个组分的质谱图。

(3)对每个未知谱进行计算机检索。

六、注意事项

(1)对于比较复杂的混合物,设置色谱条件是非常重要的,设置前一定要了解样品信息,根据样品信息设置色谱条件。

(2)有好的色谱图才有好的质谱图,有好的质谱图才有好的检索结果。分离不好或信噪比太小的峰不能检索。

七、思考题

1. 色谱质谱联用方法与单一的色谱法和质谱法相比,有何特点?

2. 在进行 GC/MS 分析时需要设置合适的分析条件。假如条件设置不合适可能会产生什么结果? 比如色谱柱温度不合适会怎么样? 扫描范围过大或过小会怎么样?

3. 进样量过大或过小可能对质谱产生什么影响?

附　Aglient 6890N/5973 型气相色谱质谱联用仪器操作简介

(1)打开气源,打开计算机。

（2）打开 6890N 及 5973 电源。待 6890N 完成自检,5973 真空泵工作正常（如果机械泵声音不正常,检查侧门和放空阀是否关闭）。

（3）点击 instrument 图标,进入化学工作站。

（4）从 View 菜单选 diagnostics/vacuum control。

（5）从 vacuum 菜单选 pump down。

（6）当真空显示在 10^{-5} mbar(1bar$=$0.1MPa)或更高的真空下后,进行仪器调谐,可通过仪器的"autotune"(自动调谐)操作来完成。

（7）在 instrument control 仪器控制窗口编辑 GC/MS 方法及采集保存数据。

（8）进样分析,采集谱图。

（9）实验结束,待柱温、进样口温度、接口温度降到 50℃以下,仪器 vent 放空循环完成,关闭质谱仪、气相色谱仪开关,最后关闭气源。

实验 4.23　纺织品中残留五氯苯酚(PCP)的检测

一、实验目的

掌握使用 GC/MS 进行纺织品中残留五氯苯酚检测的方法。

二、实验原理

五氯苯酚(PCP)是纺织品、皮革制品、木材、织造浆料和印花色浆采用的传统的防霉防腐剂。在穿着使用残留有 PCP 的纺织品服装时,PCP 会通过皮肤在人体内积蓄,从而对人类造成潜在的健康威胁和生态环境的污染。由动物试验表明,PCP 是一种强毒性物质,不仅对人体具有致畸和致癌性,而且 PCP 的化学稳定性很高,自然降解过程很长,对环境可造成持久的污染。同时,PCP 在燃烧时会释放出剧毒物质二噁英类化合物(学名为对二氧杂环己二烯),因而在纺织品和皮革制品中的使用受到严格的限制。在国标 GB/T 18885—2002 中规定,PCP 在服用纺织品和装饰材料中的含量必须小于 0.5 mg·kg^{-1},有的国家则要求该物质的检出率为 0。

对于纺织品中残留的五氯苯酚的检测,可以采用乙酰化-气相色谱法。首先,在硫酸溶液的作用下,样品中残留的五氯苯酚及其钠盐均以五氯苯酚的形式存在,可以用正己烷对其进行提取。由于五氯苯酚具有较强的极性,直接进样分析对色谱柱及仪器系统要求很高,故通常在分析前,五氯苯酚应转化为非极性的衍生物。常用的衍生剂有五氟苯甲酰氯和乙酸酐。五氟苯甲酰氯最灵敏,然而高浓度的衍生化剂会引起高本底,需用碱溶液进行净化,同时酰化物也因水解而损失。用乙酸酐进行乙酰化,不影响五氯苯酚的电亲和力,从而有较高的选择性,并且其本底低,一般不需要净化。此外,乙酸酐价廉易得。因此,用浓硫酸将五氯苯酚的正己烷提取液净化后,再以四硼酸钠水溶液反提取。向提取液中加入乙酸酐,使五氯苯酚与其反应生成五氯苯酚乙酯。最后以正己烷提取,用无水硫酸钠脱水后检测。以气质联用仪进行检测,检测直观方便,而且具有较高的灵敏度。

三、仪器与试剂

1. 仪器

Agilent 6890N/5973 GC/MS,分析天平,混合器,离心机,50 mL 离心管 2只,125 mL 分液漏斗 2 只,漏斗 1 只,下端颈部装有 5 cm 高的无水硫酸钠柱(柱的两端填以玻璃棉),100 mL 容量瓶 3 只,10 mL 吸量管 5 支、1 mL 5 支,10 mL比色管 2 支,吸管 2 支,100 μL 微量注射器 1 支、10 μL 1 支,小烧杯,剪刀。

2. 试剂

浓硫酸,6 mol·L^{-1}硫酸溶液,0.1 mol·L^{-1}四硼酸钠(硼砂)溶液,正己烷(全玻璃仪器加碱重新蒸馏),无水硫酸钠(经 650℃ 4 h 灼烧),乙酸酐,五氯苯酚标准品(纯度>99%),艾氏剂。除特殊规定外试剂均为分析纯,水为蒸馏水或相应的去离子水。

四、实验步骤

1. 样品中五氯苯酚的提取及乙酰化

(1)提取

称取代表性试样约 1.0 g,用剪刀剪成碎片,置于 50 mL 离心管中,加入20 mL 6 mol·L^{-1}硫酸后,在混合器上混匀 2 min。加入 20 mL 正己烷,摇荡3 min后在混合器上混匀 2 min,并在 3 000 r·min^{-1}下离心 2 min。用吸管小心吸出上层的正己烷并移入一新的 50 mL 离心管中,残液再用 10 mL 正己烷重复提取一次,合并正己烷提取液于同一离心管中。弃去下层水相。

(2)净化

向正己烷提取液中徐徐加入 10 mL 浓硫酸,振摇 0.5 min,在3000 r·min^{-1}下离心 2 min。用吸管吸出上层正己烷提取液并移入 125 mL 分液漏斗中,再用

2 mL正己烷冲洗离心管管壁,静置分层后,用吸管吸出上层正己烷冲洗液,与提取液合并于同一分液漏斗中。弃去硫酸层。

在上述正己烷中加入 30 mL 0.1 mol·L⁻¹四硼酸钠溶液,振摇 1 min,静置分层。小心将下层水相放入另一个 125 mL 分液漏斗中。并用 20 mL 0.1 mol·L⁻¹四硼酸钠溶液将分液漏斗中的正己烷再提取一次,合并下层水相于同一分液漏斗中。弃去正己烷层。

(3)乙酰化

向上述四硼酸钠提取液中加入 0.5 mL 乙酸酐,振摇 2 min,再加入 10 mL 正己烷,振摇 1 min,静置分层。弃去下层水相。再用 0.1 mol·L⁻¹四硼酸钠水溶液洗涤正己烷层共 2 次,每次 20 mL,振摇,静置分层,弃去水相。从分液漏斗的上口将正己烷层倒入装有无水硫酸钠柱的漏斗中,并用 10 mL 比色管收集经无水硫酸钠脱水的正己烷。

2. GC/MS 检测

(1)开启 GC/MS,设置实验条件:色谱仪进样口温度250℃,柱温210℃,质谱扫描范围 60～350 amu。

(2)内标法定量检测样品中五氯苯酚的浓度。

内标液的配制(浓度为 0.5000μg·mL⁻¹):准确称取 0.05 g 艾氏剂(精确至 0.0001 g)于小烧杯中,加 40～50 mL 正己烷溶解,并定量转入 100 mL 容量瓶中,用正己烷冲洗小烧杯数次,一并转入容量瓶中,用正己烷稀释至刻度,摇匀。再取此溶液 100 μL 于 100 mL 容量瓶中,用正己烷稀释至刻度,摇匀备用。

五氯苯酚标准溶液的配制:准确称取 0.1 g 五氯苯酚标准品(精确至 0.0001 g)于小烧杯中,加 40～50 mL 正己烷溶解,并定量转入 100 mL 容量瓶中,用正己烷冲洗小烧杯数次,一并转入容量瓶中,用正己烷稀释至刻度,摇匀作为储备液。使用前定量稀释,并移取一定量稀释液按上述乙酰化步骤将五氯苯酚乙酰化后配制成标准工作液(标准液中五氯苯酚浓度应与样品提取液中被测组分浓度接近,内标物艾氏剂浓度为 0.0500 μg·mL⁻¹)。

移取 5 mL 的样品正己烷提取液于 10 mL 比色管中,加入 1 mL 内标液,用正己烷稀释至刻度。

分别将标准工作液、样品提取液注入气相色谱仪,进样量各 5 μL。记录色谱、质谱图,并采用内标法进行定量分析。

五、实验数据及结果

内标法中,样品残存的五氯苯酚按如下公式计算:

$$w = 20 \times \frac{1}{m} \times \frac{A}{A_i} \times \frac{A_{si}}{A_s} \times c_s$$

式中,w 为试样中五氯苯酚含量,$mg \cdot kg^{-1}$;

    A 为试样中五氯苯酚乙酯色谱峰面积;

    A_s 为标准工作液中五氯苯酚乙酯色谱峰面积;

    A_i 为试样中艾氏剂色谱峰面积;

    A_{si} 为标准工作液中艾氏剂色谱峰面积;

    c_s 为标准工作液中五氯苯酚乙酯(以五氯苯酚计)浓度,$\mu g \cdot mL^{-1}$;

    m 为试样总量,g。

六、注意事项

在样品提取过程中,必须防止样品受到污染或发生残留物含量的变化。

七、思考题

在检测过程中,为什么要把五氯苯酚转化成酯的形式?

实验 4.24 高效液相色谱法测定食品防腐剂

一、实验目的

(1)了解高效液相色谱仪的基本结构和基本操作。
(2)掌握高效液相色谱定性、定量的原理及方法。

二、实验原理

液相色谱法是以液体作为流动相的色谱法。高效液相色谱法是在经典液相色谱法基础上发展起来的一种新型分离、分析技术。经典液相色谱法由于使用粗颗粒的固定相,填充不均匀,依靠重力使流动相流动,因此分析速度慢,分离效率低。随着新型高效的固定相、高压输液泵、梯度洗脱技术以及各种高灵敏度的检测器相继发明,高效液相色谱法得到了迅速的发展。

高效液相色谱法是利用样品中各组分在色谱柱中固定相和流动相间分配系数或吸附系数的差异,将各组分分离后进行检测,并根据各组分的保留时间和响应值进行定性、定量分析。

与经典的液相色谱法比较,高效液相色谱法主要具有下列特点。

(1)高效。由于使用了细颗粒、高效率的固定相和均匀填充技术,高效液相色谱法分离效率极高,理论塔板一般可达 10^4 塔板/m。近几年来出现的微型填充柱(内径 1 mm)和毛细管液相色谱柱(内径 0.05 μm),理论塔板数超过 10^5 塔板/m,能实现高效率的分离。

(2)高速。由于使用高压泵输送流动相、采用梯度洗脱装置、用检测器在柱后直接检测洗脱组分等,高效液相色谱法完成一次分离分析一般只需几分钟到几十分钟,比经典液相色谱快很多。

(3)高灵敏度。紫外、荧光、电化学、质谱等高灵敏度检测器的使用,使高效液相色谱法的最小检测量可达 $10^{-9} \sim 10^{-11}$ g。

(4)高度自动化。计算机的应用,使高效液相色谱法不仅能自动处理数据、绘图和打印分析结果,而且还可以自动控制色谱条件,使色谱系统自始至终都在最佳状态下工作,成为全自动化的仪器。

(5)与气相色谱法相比,应用范围广。高效液相色谱法不受样品挥发度和热稳定性的限制,非常适用于分离生物大分子、离子型化合物、不稳定的天然产物以及高分子化合物等。

(6)流动相可选择范围广。它可用多种溶剂作流动相,通过改变流动相组成来改善分离效果,因此对于性质和结构类似的物质分离的可能性比气相色谱法更大。

(7)馏分容易收集。更有利于制备。

此外,在高效液相色谱法中,液态流动相不仅起到使样品沿色谱柱移动的作用,而且还与样品分子发生选择性的相互作用,通过改变流动相的种类和组成,就可对色谱分离效能产生影响,这就为控制和改善分离条件提供了一个额外的可变因素。

由于具有这些优势,目前,高效液相色谱法已经广泛应用于对生物学和医药上有重大意义的大分子物质的分析,如蛋白质、核酸、氨基酸、多糖、高聚物、生物碱、微生物、抗生物、染料及药物等物质的分离和分析。

一般的高效液相色谱仪如图 4-10 所示,由高压输液系统、进样系统、分离系统、检测系统、数据处理系统五个部分组成。另外,还可根据需要配备一些附属系统,如脱气、梯度洗脱、恒温、自动进样、馏分收集等装置。其中梯度洗脱是尤为重要的附属装置。所谓梯度洗脱方式是指在分离过程中使两种或两种以上不同性质但可互溶的溶剂的比例随时间的改变而改变,以连续改变色谱柱中流动相的极性、离子强度或 pH 等,从而改变被测组分的相对保留值,提高分离效率。这对分离一些组分复杂和分配比 k 相差很大的样品尤为重要。

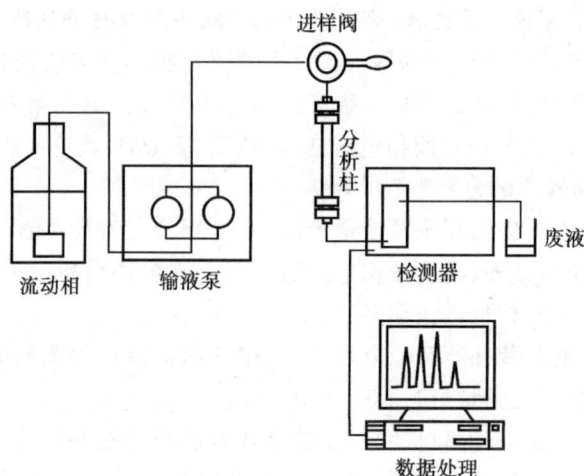

图 4-10　高效液相色谱仪构造示意图

由于高效液相色谱使用的固定相颗粒极细,流动相流动时阻力较大,为使流动相快速流动,必须采用高压输液系统。该系统由储液罐、高压输液泵、过滤器、压力脉动阻尼器等部分组成,核心部件是高压输液泵。高压输液泵应满足有足够的输出压力、输出流量稳定且可调范围宽、压力平稳等要求。目前,使用较多的是恒流泵,即在一定的操作条件下,输出的流量保持恒定,而与色谱柱等引起的阻力变化无关。

由于高效液相色谱中使用较短的色谱柱,柱外的谱带展宽效应较明显(柱外展宽或柱外效应),这一点与气相色谱不同。柱外展宽通常发生在进样系统、连接管道和检测器中。进样系统是柱前展宽的主要因素。

液相色谱的进样方式主要有两种:隔膜注射进样和高压六通阀进样。直接注射进样的方式与气相色谱类似,优点是操作简便,装置简单,但允许进样量小,重复性差。旋转式六通阀的结构和工作原理见图 4-11。由于进样可由定量管的体积严格控制,故进样准确,而且进样量的可变范围大、重复性好、耐高压、易于自动化;不足在于容易造成峰的柱前展宽。在高效液相色谱仪中,色谱柱是心脏部位,色谱柱一般采用优质不锈钢管制作,柱长 5～30 cm,内径 4～5 mm。色谱柱装填的好坏对色谱柱的柱效影响很大。对于细粒度的填料(<20 μm)一般采用匀浆填充法装柱,先将填料调成匀浆,然后在高压泵的作用下快速将其压入装有洗脱液的色谱柱内,经冲洗后,即可备用。

用于高效液相色谱中的检测器,除应该具有灵敏度高、噪声低、线性范围宽、响应快、死体积小等特点外,还应对温度和流速的变化不敏感。常用的有两类检测器:溶质型检测器和总体检测器。前者仅对被分离组分的物理或物理化学性质有响应,如紫外、荧光、电化学检测器等;后者对试样和洗脱液总的物理或物理化学性质有响应,如示差折光、介电常数检测器等。

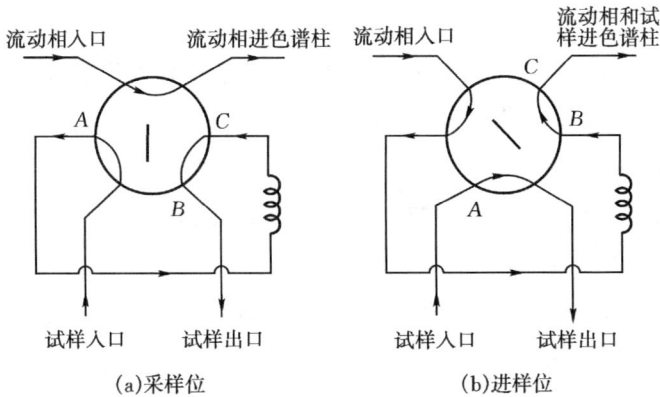

图 4-11　旋转式六通阀的结构和工作原理

高效液相色谱法按照分离的机制不同,可以分为以下几种类型:液-液分配色谱法、液-固吸附色谱法、离子交换色谱法及凝胶色谱法等。

在液-液分配色谱法中,当固定相的极性大于流动相的极性时,称为正相色谱;反之,流动相的极性大于固定相的极性时,称为反相色谱。

本实验以食品防腐剂苯甲酸和山梨酸为测定对象,以高效液相色谱法来检测分析食品中苯甲酸及山梨酸的含量。

防腐剂是具有杀灭微生物或抑制其增殖作用的一类物质的总称。在食品生产中,为防止食品腐败变质、延长食品保存期,常使用防腐剂,以期收到更好的效果。我国普遍使用的防腐剂有山梨酸及其钾盐、苯甲酸及其钠盐、对羟基苯甲酸乙酯及对羟基苯甲酸丙酯、丙酸及其钙盐等,以山梨酸、苯甲酸及其盐类使用最多。为了保证食品的食用安全,必须对添加的防腐剂的种类和加入量进行控制。

本实验以 C_8(或 C_{18})键合的多孔硅胶微球作为固定相,甲醇-磷酸盐缓冲溶液(体积比为 50:50)的混合溶液作流动相的反相液相色谱体系分离两种食品添加剂:苯甲酸和山梨酸。两种化合物由于分子结构不同,在固定相和流动相中的分配比不同,在分析过程中经多次分配便逐渐分离,依次流出色谱柱。经紫外-可见光检测器(检测波长为 230 nm)进行色谱峰检测。

苯甲酸和山梨酸为含有羧基的有机酸,流动相的 pH 影响它们的解离程度,因此也影响其在两相(固定相和流动相)中的分配系数,本实验将通过测定不同流动相的 pH 条件下苯甲酸和山梨酸保留时间的变化,了解液相色谱中流动相 pH 对于有机酸分离的影响。

三、仪器与试剂

1. 仪器

液相色谱仪(包括高压输液泵、柱温箱、进样阀及紫外检测器),色谱数据处理软件,50 μL 液相色谱微量注射器。

2. 试剂

水(双蒸水),磷酸,甲醇,磷酸二氢钠,苯甲酸,山梨酸(均为分析纯)。

3. 样品

苯甲酸样品溶液(25 μg・mL^{-1}),山梨酸样品溶液(25 μg・mL^{-1}),样品溶剂为甲醇－水(体积比 50:50)。

4. 实验条件

色谱固定相:C$_8$ 键合多孔硅胶微球,5 μm。

色谱柱:150 mm×4.6 mm I.D.。

柱温:40℃。

流速:1 mL・min^{-1}。

检测波长:230 nm。

进样量:20 μL。

流动相:(a)甲醇:50 mmol 磷酸二氢钠水溶液(pH 4.0,体积比 50:50);(b)甲醇:50 mmol 磷酸二氢钠水溶液(pH5.0,体积比 50:50)。

配制流动相:首先配制 50 mmol 磷酸二氢钠水溶液,以磷酸调 pH 至 4.0 或 5.0,然后与等体积甲醇混合,过滤后使用。

四、实验步骤

1. 色谱操作条件设置

按照操作要求,打开计算机及色谱仪各部分电源开关。

打开色谱在线操作软件"Instrument online",在"method and run control"界面下,设置色谱条件,包括流动相组成、流量、分析时间、柱温及检测波长。选择流动相(a)为洗脱液。

2. 色谱分析

(1)待色谱基线平直后,从"run control"菜单中,选择"sample info",设置数据文件名,用微量进样器吸取 30~40 μL 样品溶液,通过进样阀进样,每一次色谱测定完成后,色谱数据被保存在设定的文件中。分别进行苯甲酸样品溶液、山梨酸样品溶液及混合溶液的色谱测定。

(2)改用流动相(b)作为洗脱液,平衡柱床约 20 min 后,进行混合溶液的色谱测定。

五、数据记录及处理

(1)从"view"菜单中选择"data analysis",进入数据分析界面。用"load signal"指令打开以流动相(a)为洗脱液的色谱数据文件,记录保留时间。将测定的各个纯化合物的保留时间与混合物样品中的色谱峰保留时间对照,确定混合物色谱中各色谱峰属于何种组分。

(2)用"load signal"指令打开以流动相(b)为洗脱液的色谱数据文件,记录各化合物的保留时间。

(3)计算不同色谱条件下对于两组分的分离度。

分离度 Rs 用下式计算:

$$Rs = \frac{2(t_{R_2} - t_{R_1})}{w_1 + w_2}$$

式中,$t_{R_2} - t_{R_1}$ 为两个组分的保留时间之差;

w_1、w_2 为两个色谱峰基线宽度(基峰宽)。

分别以两种方法进行分离度计算:①由色谱数据处理系统进行计算。在"report"菜单中选择"specify report",在"report style"一栏中选择"extended performance"报告形式。在报告中的"resolution"一栏中,"tangent method"方法给出用基线峰宽计算的分离度。②在打印色谱图后,量出色谱峰的基线峰宽,将基线峰宽和保留时间之差(注意单位一致),带入上式进行分离度计算。

六、注意事项

(1)用微量注射器取液时要尽量避免吸入气泡。使用定量环定量进样时,微量注射器取液体积要大于定量环体积。完成分析或吸取新样品溶液前要将注射器洗净。进样阀的手柄位置转换速度要快,但不要用力过猛。

(2)色谱柱连接在进样阀和检测器之间,连接时要注意流动相的方向要和柱子上标志的方向一致。

(3)实验结束后,以甲醇-水(体积比 40∶60)为流动相冲色谱柱约 30 min,除去色谱系统中的含盐缓冲溶液。

(4)实验条件主要是流动相配比,可以根据具体情况进行调整。

(5)有磷酸二氢钠的溶液容易有沉淀生成,需要注意流动相在放置过程中有无变化。

七、思考题

流动相的 pH 升高后,苯甲酸和山梨酸的保留时间及分离度如何变化? 保留时间变化的原因是什么?

附　Agilent 1100 液相色谱仪操作方法介绍

Agilent 1100 液相色谱仪主要由流动相溶剂存储瓶、在线脱气机、高压输液泵、进样阀、色谱柱温箱、检测器、色谱软件系统等组成。Agilent 1100 液相色谱仪由软件“ChemStation”进行操作条件的控制,数据采集和处理。进行色谱仪操作控制需要使用“Instrument online”软件包,进行数据处理可使用“Instrument offline”软件包。

Agilent 1100 的流动相的低压梯度可以由比例阀和四元泵完成。

Agilent 1100 色谱仪的多波长紫外-可见检测器可以同时进行从紫外到可见光范围内的五种波长下的检测。检测器具有氘灯和钨灯两个光源。光源发出的光照射到样品流通池上,透过光经过光栅分光后,经阵列二极管转换成电信号后进行记录和检测。

1. 操作条件设定

(1)开启计算机,打开“CAG Bootp Server”窗口。

(2)打开色谱仪脱气机、泵、柱温箱、检测器电源开关。

(3)待“CAG Bootp Server”接到通信成功的信息后,启动在线化学工作站(打开“Instrument online”软件),在“method and run control”界面下,设置操作条件,包括流动相组成、流量、分析时间、柱温及检测条件。

2. 色谱测定

待色谱基线平直后,从“run control”菜单中,设置数据文件名,用微量注射器吸取样品溶液,经进样阀进样,开始色谱分离过程。

3. 数据处理

从“view”菜单中选择“data analysis”,进入数据分析界面。用“load signal”指令打开数据文件,从“integration”菜单选择“integration event”设定色谱峰处理条件。用“integration”指令或指令图标进行峰面积积分。

实验 4.25　果汁中有机酸的分析

一、实验目的

(1)进一步熟悉高效液相色谱法在食品分析中的应用。

(2)掌握用内标法对组分进行定量分析的方法。

二、实验原理

在食品中,主要的有机酸是乙酸、丁二酸、苹果酸、柠檬酸、酒石酸等,它们可能来自原料、发酵过程或是添加剂。这些有机酸在水溶液中有较大的解离度。在反相键合相色谱中易发生色谱峰拖尾现象。苹果汁中的有机酸主要是苹果酸和柠檬酸。在酸性流动相条件下(如 pH 2~5),上述有机酸的离解得到抑制,利用分子状态的有机酸的疏水性,使其在 C_{18} 键合相色谱柱中能够保留。由于不同有机酸的疏水性不同,疏水性大的有机酸在固定相中保留强,较晚流出色谱柱,否则较早流出,从而使各组分得到分离。

内标法是色谱定量中常用的方法,该法适用于只需对样品中某几个组分进行定量的情况,定量比较准确,对进样量和操作条件的稳定性要求不太苛刻。本实验选择酒石酸为内标物,只对苹果汁中的苹果酸和柠檬酸进行定量分析。

有机酸在波长 210 nm 附近有较强的吸收,因此可采用紫外检测器进行检测。

三、仪器与试剂

1. 仪器

高效液相色谱仪,紫外检测器,脱气装置。

2. 试剂

磷酸二氢铵(优级纯):配制 8 mmol·L^{-1} 的水溶液和2 mmol·L^{-1} 水溶液。

苹果酸(优级纯):准确称取一定量的苹果酸,用重蒸水配制 1000 mg·L^{-1} 的溶液,使用时适当稀释。

柠檬酸、酒石酸皆为优级纯,配制水溶液(方法同苹果酸)。

三种有机酸的混合标准溶液:各含约 200 mg·L^{-1}。

苹果汁:市售苹果汁用 0.45 μm 滤膜过滤后备用。

重蒸去离子水。

四、实验步骤

(1)按照仪器使用说明开机,排空流路中的气泡。

(2)设置实验参数:C_{18} 键和相色谱柱,流动相为 $0.8\ mmol \cdot L^{-1}$ 和 $0.2\ mmol \cdot L^{-1}$ 的磷酸二氢铵水溶液,比例为 $1:1$(体积比),流速为 $1.0\ mL \cdot min^{-1}$,柱温为 $30℃$,紫外检测波长为 $210\ nm$,进样量 $20\ \mu L$。

(3)启动色谱系统,待基线稳定后,注入 3 种有机酸的混合标样,观察分离情况。

(4)调整流动相的比例,使三种有机酸得到良好的分离。

(5)分别注入三种有机酸的标样,根据保留值进行定性。

(6)注入有机酸混合标样,重复三次(峰面积误差小于 3%),用于计算各自的校正因子。

(7)注入待测苹果汁的样品,重复三次(峰面积误差在 3% 之内)。

(8)准确称量一定量的内标物酒石酸样品,加入到准确称量的待测苹果汁样品中,记录各自的称量值,摇匀待用。

(9)注入含有内标物的待测苹果汁样品,重复三次(峰面积误差在 3% 之内)。

(10)按关机程序关机。

五、数据记录与处理

(1)计算三种有机酸的校正因子和分离度。

(2)按外标法计算苹果汁中苹果酸和柠檬酸的含量。

(3)以酒石酸为内标物,按内标法计算苹果汁中苹果酸和柠檬酸的含量,与(2)的结果进行比较,并加以讨论。

六、注意事项

实验结束后以纯水为流动相,冲洗色谱柱,以避免柱的堵塞。

七、思考题

1. 流动相中磷酸二氢铵的浓度变化,对组分分离有什么影响?

2. 针对苹果汁中苹果酸和柠檬酸的分析,说明外标法定量和内标法定量的优缺点。

实验 4.26　荧光法测定维生素 B₂ 的含量

一、实验目的

(1)掌握荧光法测定维生素 B_2 的方法。

(2)学习荧光分析法的基本原理和实验操作技术。

二、实验原理

多数分子在常温下处在基态最低振动能级,产生荧光的原因是荧光物质的分子吸收了特征频率的光能后,由基态跃迁至较高能级的第一电子激发态或第二电子激发态,处于激发态的分子,通过无辐射去活,将多余的能量转移给其他分子或激发态分子内振动或转动能级后,回至第一激发态的最低振动能级,然后再以发射辐射的形式去活,跃迁回至基态各振动能级,发射出荧光。荧光是物质吸收光的能量后产生的,因此任何荧光物质都具有两种光谱:激发光谱和发射光谱。

维生素 B_2,也称核黄素,溶于水,为维生素类药物。参与体内生物氧化作用。其分子结构式如下:

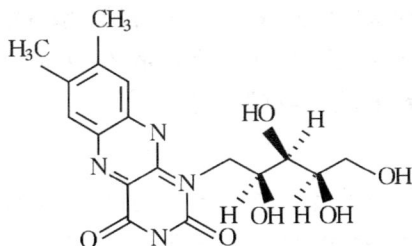

$$M_{C_{17}H_{20}O_6N_4}=376.37$$

维生素 B_2 本身为黄色,由于分子结构上具有异咯嗪结构,在 $430\sim440$ nm 蓝光或紫外光照射下会产生黄绿色的荧光。荧光峰在 535 nm,在 pH6~7 的溶液中荧光强度最大,在 pH11 的碱性溶液中荧光消失。其他如维生素 C 在水溶液中不发荧光,维生素 B_1 本身无荧光,维生素 D 用二氯乙酸处理后才有荧光,因而它们都不干扰维生素 B_2 的测定。

维生素 B_2 在一定波长光照射下产生荧光,在稀溶液中,其荧光强度与浓度成正比,因而可采用标准曲线法测定维生素 B_2 的含量。

三、仪器与试剂

1. 仪器

930 型荧光光度计。

2. 试剂

维生素 B_2 标准溶液($10 mg \cdot L^{-1}$):准确称取 10 mg 维生素 B_2 溶于热蒸馏水中,冷却,转移至 1 000 mL 容量瓶中,加蒸馏水定容,摇匀,置暗处保存。

冰醋酸(A. R)。

维生素 B_2 片。

四、实验步骤

1. 维生素 B_2 标准溶液的配制

移取维生素 B_2 标准溶液($10 m g \cdot L^{-1}$)0.00、1.00、2.00、3.00、4.00 及 5.00 mL 分别置于 50 mL 容量瓶中,加入冰醋酸 2 mL,加水至刻度,摇匀,待测。

2. 样品溶液的制备

取维生素 B_2 10 片,研细。准确称取适量(约相当维生素 B_2 10 mg)置于 100 mL 容量瓶中,用蒸馏水稀释至刻度,摇匀。过滤,吸取滤液 10.0 mL 于 100 mL 容量瓶中,用水稀释至刻度,摇匀。吸取此溶液 2.00 mL 于 50 mL 容量瓶内,加冰醋酸 2 mL,用水稀释至刻度,摇匀,待测。

3. 测定

(1)选择合适的荧光滤光片。先固定一块激发光滤光片(暂用 360 nm 的)置于光源和被测液之间的光径中,将波长稍长于激发光的荧光滤光片放在被测液和检测器之间的光径中,接通仪器电源开关,打开样品室盖,旋动调零电位器,使电指针处于"0"位。仪器预热 20 min,将某一浓度的维生素 B_2 标准溶液放入样品室,盖上样品室盖,测定其荧光强度。若荧光读数较小,可调节较大灵敏度值。反之,可调节较小灵敏度值。然后更换不同波长的荧光滤光片,依次同上法测定各荧光强度,选择荧光强度最强的一块荧光滤光片供测定用。

(2)选择合适的激发光滤光片。将已选择好的荧光滤光片固定,用不同波长的激发光滤光片代替 360 nm 的滤光片,依次同上法测定其荧光强度,选择荧光最强的一块激发光滤光片供测定用。

（3）将浓度最大的维生素 B_2 标准溶液放入样品室，盖上样品室盖，调节刻度旋钮至满刻度（必要时可调节灵敏度钮至满刻度），然后从低浓度至高浓度依次测定维生素 B_2 系列标准溶液和空白溶液的荧光强度，最后测定样品溶液。在测定数据中扣除空白溶液的荧光强度。

五、数据记录与处理

（1）列表记录各项实验数据。绘制吸收光谱及荧光光谱曲线。

（2）以荧光强度为纵坐标，标准系列溶液浓度为横坐标，绘制标准曲线。

（3）从标准曲线上查得维生素 B_2 的质量（μg），然后根据样品质量 m，按下式计算样品中维生素 B_2 的百分含量。

$$W_{B_2} = \frac{\text{测得维生素 } B_2 \text{ 的量}(\mu g) \times 10^{-6}}{\text{维生素 } B_2 \text{ 样品质量}(g)} \times 100\%$$

六、思考题

1. 激发波长与荧光波长有什么关系？

2. 选择 360 nm、400 nm 两块滤光片分别作激发光滤光片时，对测定结果有何差异？

实验 4.27　荧光分光光度法测定维生素 C

一、实验目的

（1）掌握荧光法测定食品中维生素 C 含量的方法。

（2）了解分子荧光分析法的基本原理。

（3）了解荧光分光光度计的使用方法。

二、实验原理

维生素 C 又称抗坏血酸。抗坏血酸在氧化剂存在下，被氧化成脱氢抗坏血酸，脱氢抗坏血酸与邻苯二胺作用生成荧光化合物，此荧光化合物的激发波长是 350 nm，荧光波长（即发射波长）为 433 nm，其荧光强度与抗坏血酸浓度成正比。若样品中含丙酮酸，它也能与邻苯二胺生成一种荧光化合物，干扰样品中抗坏血酸的测定。在样品中加入硼酸后，硼酸与脱氢抗坏血酸形成的螯合物不能与邻苯二胺生成荧光化合物,而硼酸与丙酮酸并不作用,丙酮酸仍可以发生上述反应。因此,在测量时,取相同的样品两份,其中一份样品加入硼酸,测出的荧光强度作为背景的荧光读数。由另一份样品不加硼酸,样品的荧光读数减去背景的荧光读数后,再与抗坏血酸标准样品的荧光读数相比较,即可计算出样品中抗坏血酸的含量。

三、仪器和试剂

1. 仪器

组织捣碎机,离心机,930 型荧光分光光度计。

2. 试剂

百里酚蓝指示剂(麝香草酚蓝):称 0.1g 百里酚蓝,加 0.02 mol·L⁻¹氢氧化钠溶液 10.75 mL 溶解,用水稀释至 200 mL。

乙酸钠溶液:称取 500 g 乙酸钠溶解并稀释至 1L。

硼酸-乙酸钠溶液:称取硼酸 9 g,加入 35 mL 乙酸钠溶液,用水稀释至 1 L(使用前配制)。

邻苯二胺溶液:称取 20 mg 邻苯二胺盐酸盐溶于 100 mL 水中(使用前配制)。

偏磷酸-冰醋酸溶液:称取 15 g 偏磷酸,加入 40 mL 冰醋酸,加水稀释至 500 mL 过滤后,贮存于冰箱中。

偏磷酸-冰醋酸-硫酸溶液:称取 15 g 偏磷酸,加入 40 mL 冰醋酸,用 0.015 mol·L⁻¹硫酸稀释至 500 mL;

抗坏血酸标准溶液:准确称取 0.500 g 抗坏血酸溶于偏磷酸-冰醋酸溶液中,定容至 500 mL 容量瓶中,此标准溶液浓度为每毫升相当于 1 mg 的抗坏血酸(每周新鲜配制);吸取上述溶液 5 mL,再用偏磷酸-冰醋酸溶液定容至50 mL,此溶液每毫升相当于 0.1 mg 的抗坏血酸标准溶液(每天新鲜配制)。

溴。

活性炭:取 50 g 活性炭加入 250 mL 10%盐酸,加热至沸,减压过滤,用蒸馏水冲洗活性炭,检查滤液中无铁离子为止,再于 110~120℃烘干备用。

四、实验步骤

1. 仪器操作条件的确定

参考实验 4.26 的实验步骤。

2. 绘制标准曲线

(1)将制备好的 50 mL 标准溶液(含抗坏血酸 0.1mg·mL⁻¹)倒入锥形瓶

中,再往锥形瓶中加入 2～3 滴溴(在通风橱内进行),摇匀变微黄色后,通空气将溴排净,使溶液恢复为无色,若用活性炭为氧化剂,加 1～2 g 活性炭摇匀 1 min,过滤。

(2)取 2 只 50 mL 容量瓶,各加入刚处理过的溶液 1.0 mL,其中一只容量瓶中再加入 20 mL 乙酸钠溶液,用水定容至刻度,此液作为标准溶液。另一只容量瓶中加入 20 mL 硼酸-乙酸钠溶液,用水定容至刻度,此液作为标准空白溶液。

(3)取 5 支带塞的刻度试管,一支试管中加入 2.0 mL 标准空白溶液,另 4 支试管中各吸 0.5 mL、1.0 mL、1.5 mL、2.0 mL 标准溶液,再分别用蒸馏水定容至 3.0 mL。

(4)避光反应:在避光的环境中,迅速向各管中加入 5 mL 邻苯二胺溶液,加塞,振摇 1～2 min,于暗处放置 35 min。

(5)荧光测定:选择上述最佳的仪器条件,记录标准溶液各浓度的荧光强度和标准空白溶液的荧光强度,标准溶液荧光强度减去标准空白溶液荧光强度计算相对荧光强度。

3. 样品测定

(1)样品处理:称取均匀样品 10 g(视样品中抗坏血酸含量而定,其含量约在 1 mg 左右),先取少量样品加入 1 滴百里酚蓝,若显红色(pH1.2),即用偏磷酸-冰醋酸溶液定容至 100 mL,若显黄色(pH 2.8),即用偏磷酸-冰醋酸-硫酸溶液定容至 100 mL,定容后过滤备用。

(2)氧化处理:将全部滤液转入锥形瓶中,加入 1～2 g 活性炭振摇 1～2 min,过滤。或在通风橱中加 2～3 滴溴,以下操作与绘制标准曲线同。

(3)取 2 只 50 mL 容量瓶,各加入 5.0 mL 经氧化处理的样液,再向其中一只加入 20 mL 乙酸钠溶液,用水稀释至 50 mL 作为样品溶液;另一只加入 20 mL 硼酸-乙酸钠溶液,用水稀释至刻度,作为样品空白溶液。

(4)取 2 支带塞的刻度试管,1 支试管中加 2.0 mL 样品溶液为样液,另一支试管中加入 2.0 mL 样品空白溶液作为空白,再分别用蒸馏水定容至 3.0 mL。

(5)避光加邻苯二胺,以下操作与绘制标准曲线(4)、(5)部分同样进行,得出样品的相对荧光强度。

五、数据记录及处理

(1)绘制相对荧光强度对抗坏血酸溶液浓度的标准曲线。

(2)根据样品的相对荧光强度,从标准曲线上查出样品溶液中相对应的抗坏血酸浓度,再根据抗坏血酸浓度计算出样品中抗坏血酸含量。

六、注意事项

(1)样品中如有泡沫,可滴加几滴乙醇、戊醇或辛醇消泡。

(2)邻苯二胺溶液在空气中易氧化,颜色变暗,影响显色,所以应临用前配制。

(3)使用石英样品池时,应手持其棱角处,不能接触光面,用毕后,将其清洗干净。

(4)影响荧光强度的因素很多,每次测定的条件很难完全控制一致,因此每次必须做工作曲线,且标准曲线最好与样品同时做。

七、思考题

1. 测量未知试样时,其激发波长和发射波长如何获得?

2. 活性炭、溴作为抗坏血酸测定所用的氧化剂各有何优缺点?

实验 4.28　ATR 傅立叶变换红外光谱法测定甲基苯基硅油中苯基的含量

一、实验目的

学习利用 ATR 傅立叶变换红外光谱法对有机化合物体系进行定量分析。

二、实验原理

1. 有机硅油的结构及其红外光谱

有机硅油是具有以下硅氧烷结构、常温下呈液态的化合物的总称。化学通式如下:

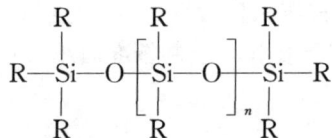

$$R-\underset{\underset{R}{|}}{\overset{\overset{R}{|}}{Si}}-O\left[\underset{\underset{R}{|}}{\overset{\overset{R}{|}}{Si}}-O\right]_n\underset{\underset{R}{|}}{\overset{\overset{R}{|}}{Si}}-R$$

式中:n 可以从几十到几千。当其中的 R 都代表甲基时,称为甲基硅油。若是其中部分甲基被苯基置换时,就可以得到不同极性的甲基苯基硅油。其中,甲基也可以被其他有机基团置换。各种不同类型的有机硅油用途广泛,可以用作高级润滑油、消泡剂、脱模剂、擦光剂、绝缘油、真空扩散泵油等。有机硅油也是气相色谱的一类重要的固定液。

有机硅油中苯基的含量(或是苯基甲基比值)可以用核磁共振法或红外光谱法测定。本实验就是用红外光谱法测定苯基和甲基的吸光度比值,建立苯基甲基摩尔数比值(Φ/M)与吸光度比值(A^{3071}/A^{2961})之间的线性关系,进而测定待测样品中苯基与甲基的比值。

下面的三张红外光谱图中,图 4-12 为甲基硅油光谱,图 4-13 和图 4-14 为甲基苯基硅油光谱。$1100\sim1020$ cm^{-1} 的强谱带为 p(Si—O—Si),2961 cm^{-1} 谱带为 p(CH$_3$),1260 cm^{-1} 谱带为 p(Si—CH$_3$),3071 cm^{-1} 谱带为 p(Φ—H),1429 cm^{-1} 谱带为 p(Φ—Si),1260 cm^{-1} 和 1429 cm^{-1} 两个谱带所受干扰较小,分别作为本实验中苯基和甲基的分析谱带比较合适。

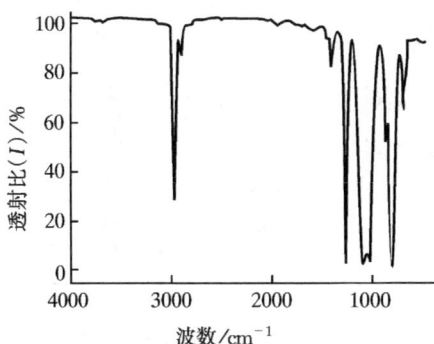

图 4-12 甲基硅油

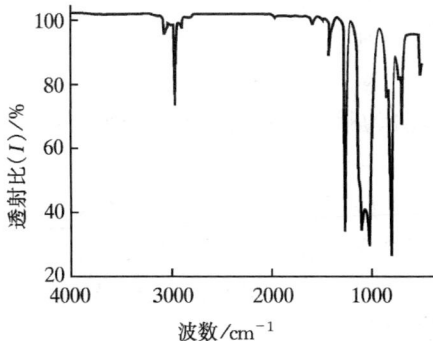

图 4-13 甲基苯基硅油(Ⅱ)

图 4-15 为 1550～1150 cm^{-1} 波数范围内的吸光度光谱,选定分析谱带的吸光度值 A^v 可利用基线法测量。

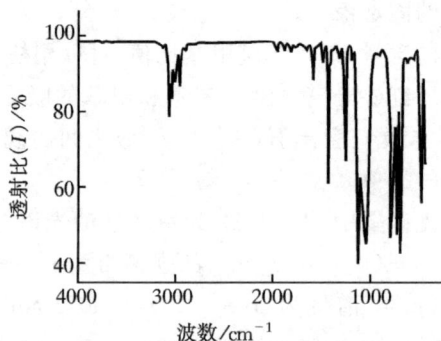

图 4-14　甲基苯基硅油（Ⅳ）

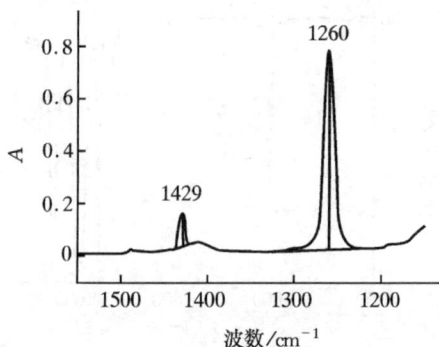

图 4-15　甲基苯基硅油（Ⅰ）

2. 红外光谱定量分析方法

根据朗伯-比尔定律,有

$$A^\nu = a^\nu bc$$

式中,A^ν 为波数 ν 处的吸光度;a^ν 为波数 ν 处的吸光系数;b 为吸收池厚度;c 为吸光物质的浓度。

双组分红外光谱定量分析有池内—池外法、工作曲线法、内标法和比例法等。

比例法是用于薄膜法或石蜡糊状法制样时采用的一种定量方法,它借助于同一谱图中代表各组分的独立峰的吸光度,直接得到组分之间的相对含量,而省去测定吸收系数和样品厚度。

苯基（Φ）^{1429} 吸光度为

$$A^{1429} = a^{1429}bc_\Phi$$

甲基（M）^{1260} 吸光度为

$$A^{1260} = a^{1260}bc_M$$

其中:$b=b$。令 $a^{1429}/a^{1260}=K$（K 为吸收系数比），则

$$A^{1429}/A^{1260}=(a^{1429}/a^{1260})(c_\Phi/c_M)=K(c_\Phi/c_M)$$

上式表明,苯基甲基摩尔浓度值之比 c_Φ/c_M 和其吸光度之比值 A^{1429}/A^{1260} 之间呈线性关系。

因此,可以利用一组已知苯基甲基摩尔浓度比值 c_Φ/c_M（用核磁共振法测定）的苯基甲基硅油样品,测量红外光谱的 A^{1429}/A^{1260} 值,采用最小二乘法计算回归直线方程,求出斜率、截距及相关系数 r,或是直接绘制工作曲线,便可以进行此类定量分析。

三、仪器与试剂

1. 仪器

Necolet5700 型 FT－IR 傅立叶变换红外光谱仪,Ge 晶体 ATR 附件。

2. 试剂

甲基苯基硅油。

四、实验步骤

(1)开启傅立叶变换红外光谱仪。
(2)将标准样品涂于 Ge 晶体表面,测其红外光谱,并转换成吸光度光谱图。
(3)将未知样品涂于 Ge 晶体表面,测其红外光谱,并转换成吸光度光谱图。

五、实验数据及结果

(1)在吸光度光谱图中,以基线法量取所有 A^{1429}/A^{1260} 值,并求得比值 A^{1429}/A^{1260},填入表 4－6。

表 4－6　实验结果

测定值 项　目		A^{1429}/A^{1260}	c_Φ/c_M	$c_\Phi/(\text{mol}\cdot\text{L}^{-1})$
标准样品	Ⅰ			
	Ⅱ			
	Ⅲ			
	Ⅳ			
	Ⅴ			
待测样品	第一次			
	第二次			
	平均值			

(2)依表 $4-6$ 中数据绘制工作曲线，A^{1429}/A^{1260} — c_Φ/c_M。

(3)以最小二乘法计算回归直线方程 $Y=A+B \cdot X$，求出斜率 B、截距 A 及相关系数 r。

(4)依待测样品的 A^{1429}/A^{1260} 值，求出相应的 c_Φ/c_M 值及 $c_\Phi\%$ 值。

六、注意事项

(1)将硅油涂于 Ge 晶体表面时要轻柔，不要划伤晶体。

(2)每次测定后，用脱脂棉蘸 CCl_4 清洗晶体表面，至测试无峰出现。

(3)安放及拆卸 ATR 附件时，注意保护晶体板，防止剧烈震动及划伤晶体表面。

(4)强酸强碱对晶体有腐蚀作用，要避免接触。

七、思考题

1. 在红外光谱定量分析中，如何选取分析谱带，使测量误差最小？

2. 试讨论其他双组分红外光谱定量分析方法适用的范围。

附　Necolet5700 型 FT－IR 傅立叶变换红外光谱仪操作规程

(1)开机前准备。开机前检查实验室电源，温度，湿度等环境条件，当电压稳定，湿度<65％，温度为 21℃ 时才能开机。

(2)开机。开机时首先打开仪器电源，稳定半小时，使仪器达到最佳状态。开启电脑，并打开仪器操作平台 OMINIC 软件，运行菜单，检查仪器稳定性。

(3)制样。根据样品特性以及状态，制定相应的制定方法并制样。

(4)扫描和输出红外光谱图。测试红外光谱图时，先扫描空光路背景信号，再扫描样品文件信号，经傅立叶变换得到样品红外光谱图，根据需要打印或者保存红外光谱图。

(5)关机。关机时，先关 OMINIC 软件，再关仪器电源，盖上仪器防尘罩。

实验 4.29　红外光谱法区别顺和反丁烯二酸

一、实验目的

通过测定顺、反丁烯二酸的红外光谱来区别顺、反烯烃的红外光谱特性。

二、实验原理

顺、反烯烃的 C—H 非平面摇摆振动频率差别很大,是区别烯烃顺反异构体的有力手段。烷基型

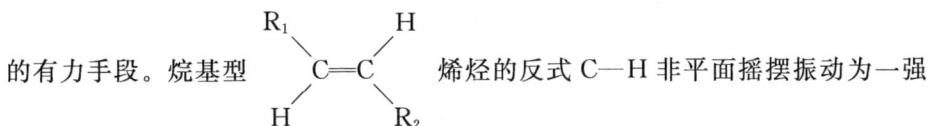

$$R_1 \quad\quad H$$
$$C = C$$
$$H \quad\quad R_2$$

烯烃的反式 C—H 非平面摇摆振动为一强的特征吸收,出现在约 970 cm^{-1}。当取代基为—OH、—OR、—NHR 及—CN 时,它的位置基本不变。但当有长共轭链时,该峰稍向高波数移动;当取代基为卤素时,该峰移向~920 cm^{-1}。它在确定顺反异构体时是一个有决定意义的特征峰。另外,顺式异构体的 C—H 非平面摇摆振动引起的吸收峰宽而弱,位置变化较大。当取代基为烷基时位于 715~675 cm^{-1},当取代基为卤素时位于 770 cm^{-1},有长共轭链时稍向高波数移动。

本实验通过测定顺-、反-丁烯二酸的红外光谱来区别它们。

三、仪器与试剂

1. 仪器

Nicolet5700 型 FT—IR 傅里叶变换红外光谱仪,压片机,玛瑙研钵,红外灯,分析天平。

2. 试剂

顺-丁烯二酸(AR);反-丁烯二酸(AR);溴化钾(AR)。

四、实验步骤

将 1~2 mg 试样放在玛瑙研钵中充分磨细,再加入 100~200 mg 干燥的 KBr 粉末,继续研磨 2~5 min。将研好的粉末填入磨具,在压片机上压成透明薄片。然后插入光路,从 4000~400 cm^{-1} 进行波数扫描,得到吸收光谱。

按上述制片方法分别测定顺、反-丁烯二酸的红外光谱图。

五、实验数据及结果

根据实验所得的两张红外光谱图,判断哪一张图谱是顺-丁烯二酸? 哪一张图谱是反-丁烯二酸?

六、注意事项

(1)试样与 KBr 粉末要充分混匀研细,粒径小于 $2\ \mu m$ 以下。

(2)红外光谱仪内要保持干燥,开门取放样品的时间要尽量短,勿使 H_2O 及 CO_2 气体进入样品仓。

七、思考题

1. 找出能够区别顺、反异构体的其他有代表性的峰。

2. 检索谱库,找出顺、反-丁烯二酸的标准图谱,并与实验所测的图谱相比较。

实验 4.30   醛和酮的红外光谱

一、实验目的

选择醛和酮的羰基吸收频率进行比较,以说明取代效应和共轭效应。指定各个醛、酮的主要谱带。

二、实验原理

醛和酮在 $1870\sim1540\ cm^{-1}$ 范围内出现强的 C=O 伸缩谱带。因为位置相对固定以及谱带强度大,所以在红外光谱中容易识别。影响 C=O 谱带的实际位置有以下几个因素:物理状态、相邻取代基团、共轭效应、氢键和环的张力。

脂肪醛在 $1740\sim1720\ cm^{-1}$ 范围内吸收。α -碳上的电负性取代基会增加 C=O 谱带吸收频率。例如,乙醛在 $1730\ cm^{-1}$ 处吸收,而三氯乙醛在 $1768\ cm^{-1}$ 处吸收。双键与羰基的共轭会降低碳基吸收频率。芳香醛在低频率处吸收,内氢键也会使吸收向低频方向移动。

酮的羰基比相应的醛羰基在稍低些的频率处吸收。饱和脂肪酮在 $1715\ cm^{-1}(5.83\ \mu m)$ 左右有羰基吸收频率。与双键共轭会使吸收向低频方向移动。酮与溶剂(如甲醇)之间的氢键也会降低羰基频率。

三、仪器与试剂

1. 仪器

Nicolet5700 型 FT-IR 傅里叶变换红外光谱仪,液体池,压片机,玛瑙研钵，红外灯,分析天平。

2. 试剂

纯溴化钾片剂,苯甲醛,肉桂醛,正丁醛,二苯甲酮,环己酮,苯乙酮。

四、实验步骤

测定苯甲醛、肉桂醛、正丁醛、二苯甲酮、环己酮、苯乙酮的红外光谱。对于液体,可以使用 $0.015\sim0.025$ mm 厚的纯液体薄膜;对于固体,可制成 KBr 片剂。

五、实验数据及结果

确定各化合物的羰基吸收频率,根据各化合物的光谱写出它们的结构。

根据苯甲醛的光谱,指定在 3000 cm^{-1} 左右以及 675 cm^{-1} 和 750 cm^{-1} 之间所得到的主要谱带。简述分子中的键或键基团构成这些谱带的原因。

根据环己烷光谱,指定在 2900 cm^{-1} 和 1460 cm^{-1} 处附近的主要谱带。

比较醛的碳基频率。通过对肉桂醛、苯甲醛与正丁醛的比较,论述共轭效应和芳香性对羰基吸收频率的影响。

共轭效应和芳香性对酮的羰基频率的影响,进行类似上述的比较。

六、注意事项

(1)KBr 和 NaCl 液体池均不能与水接触,操作时,环境、接触物及手均要求保持干燥,样品不能含有水分。

(2)晶体不能与硬物直接接触,拆装池时避免磕碰及划伤。

七、思考题

1. 分析用氯原子取代烷基,羰基频率也会发生位移的原因。
2. 请推测苯乙酮 C=O 伸缩的泛频在什么频率?

附

典型有机化合物的重要基团频率 (v/cm^{-1})

化合物 \ 基团频率	基团	X−H 伸缩振动区	叁键区	双键伸缩振动区	部分单键振动和指纹区
烷烃	—CH$_3$ —CH$_2$— —CH—	ν_{asCH}:2962±10(s) ν_{sCH}:2972±10(s) ν_{asCH}:2926±10(s) ν_{sCH}:2853±10(s) ν_{CH}:2890±10(w)			δ_{asCH}:1450±10(m) δ_{sCH}:1375±5(s) δ_{CH}:1465±20(m) δ_{CH}:~1340(w)
烯烃	C=C (H,H / H,H); C=C (H,H / H)	ν_{CH}:3040~3010(m) ν_{CH}:3040~3010(m)		$\nu_{c=c}$:1695~1540(m) $\nu_{c=c}$:1695~1540(w)	δ_{CH}:1310~1295(m) γ_{CH}:770~665(s) γ_{CH}:970~960(s)
炔烃	—C≡C—H	ν_{CH}:≈3300(m)	$\nu_{c=c}$:2270~2100(w)		
芳烃	⬡	ν_{CH}:3100~3000(变)		泛频:2000~1667(w) $\nu_{c=c}$:1650~1430(m) 2~4个峰	δ_{CH}:1250~1000(w) γ_{CH}:910~665 单取代:770−735(vs) ≈700(s) 邻双取代:770~735(vs) 间双取代:810~750(vs) 725~680(m) 900~860(m) 对双取代:860~790(vs)
醇类	R—OH	ν_{OH}:3700~3200(变)			δ_{OH}:1410~1260(w) ν_{OH}:1200~1000(s) γ_{OH}:750~650(s)
酚类	Ar—OH	ν_{OH}:3705~3125(s)		$\nu_{c=c}$:1650~1430(m)	δ_{OH}:1390~1315(m) ν_{CO}:1335~1165(s)
脂肪醚	R—O—R′				ν_{CO}:1230~1010(s)
酮	R—C(O)—R			$\nu_{c=o}$:≈1715(vs)	
醛	R—C(O)—H	≈2820,≈2720(w) 由于 ν_{C-H} 和 δ_{C-H} 倍频之间的费米共振,因而产生两条弱而尖的吸收带		$\nu_{c=o}$:≈1725(vs)	

基团/频率/化合物	基团	X－H伸缩振动区	叁键区	双键伸缩振动区	部分单键振动和指纹区
羧酸	R—C—OH, O	ν_{OH}：3400～2500 (m)		$\nu_{C=O}$：1740～1690(m)	δ_{OH}：1450～1410(w) ν_{CO}：1266～1205(m)
酸酐	—C—O—C—, O O			$\nu_{asC=O}$：1850～1880(s) $\nu_{sC=O}$：1780～1740(s)	ν_{CO}：1170～1050(s)
脂	—C—O—R, O	泛频 ν_{C-O}：≈3450 (w)		ν_{C-O}：1770～1720(s)	ν_{COC}：1300～1000(s)
胺	—NH₂ —NH	ν_{NH_2}：3500～3300 (m) 双峰 ν_{NH}：3500～3300 (m)		δ_{NH}：1650～1590(s.m) δ_{NH}：1650～1550(vw)	ν_{CN}(脂肪)：1220～1050 (m.w) ν_{CN}(芳香)：1340～1250(s) ν_{CN}(脂肪)：1220～1050 (m.w) ν_{CN}(芳香)：1350～1280(s)
酰胺	—C—NH₂, O —C—NHR, O —C—NRR, O	ν_{asNH_2}：≈3350(s) ν_{sNH_2}：≈3180(s) ν_{NH_2}：≈3270(s)		ν_{C-0}：≈1680－1650(s) δ_{NH}：1650-1250(s) $\nu_{C=O}$：1680～1630(s) $\delta_{NH}+\gamma_{CN}$：1750～1515 (m) $\nu_{C=O}$：1670～1630(s)	
酰卤	—C—X, O			$\nu_{C=O}$：1810～1790(s)	
晴	—C≡N		$\nu_{C≡N}$：2260～2240(s)		
硝基化合物	R—NO₂ Ar—NO₂			ν_{asNO_2}：1565～1543(s) ν_{asNO_2}：1550～1510(s)	ν_{sNO_2}：1385～1360(s) ν_{CN}：920～800(s) ν_{sNO_2}：1365～1335(s) ν_{CN}：860～840(s) 不明：≈750(s)
吡啶类		ν_{CH}：≈3030(w)		$\nu_{C=C}$及$\nu_{C=N}$：1667～1430(s)	δ_{CH}：1175～1000(w) γ_{CH}：910～665(s)
嘧啶类		ν_{CH}：3060～3010 (w)		$\nu_{C=C}$及$\nu_{C=N}$：1580～1520(m)	δ_{CH}：1000～960(m) γ_{CH}：825～775(m)

注：表中 vs、g、m、w、vw 用于定性地表示吸收强度很强、强、中、弱、很弱。

实验 4.31　K₂[Cu(C₂O₄)₂]·2H₂O 配合物的热分解机理测定

一、实验目的

(1)掌握热重和差热分析的基本原理。

(2)测定 $K_2[Cu(C_2O_4)_2]·2H_2O$ 配合物热重和差热曲线,并由此确定其热分解机理。

二、实验原理

物质在加热过程中,往往会发生脱水、挥发、相变(熔化、升华、沸腾等)以及分解、氧化、还原等物理或化学变化。

热分析法(thermal analysis)就是在程序温度下,测量物质的物理、化学性质与温度关系的一类仪器分析技术。通常有热重法(thermal gravity,TG)和差热分析(differential thermal analysis,DTA)或差示扫描量热法(differential scanning calorimetry,DSC)。

热重分析法(thermeogravimetric analysis,TGA)是在程序温度下,测量物质的质量与温度关系的技术,使用的仪器为热重分析仪,又称热天平。它是测定在温度变化时由于物质发生某种热效应(如化合、分解、失水、氧化还原等)而引起质量的增加或减少,从而研究物质的物理化学过程。测定时将样品放置于天平臂上的坩埚内,升温过程中发生质量变化,天平失去平衡,由光电位移传感器及时检测出失去平衡信号,测重系统自动改变平衡线圈中的平衡电流,使天平恢复平衡,平衡线圈中的电流改变量正比于样品质量变化量,记录器将记录不同温度的电流变化量即得到热重曲线(图 4-16)。以质量为纵坐标,以温度(或加热

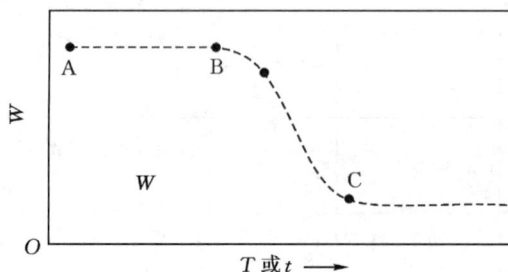

图 4-16　TG 曲线示意图

时间)为横坐标。图中 AB 为平台,表示 TG 曲线中质量不变的部分;B 点为起始温度(T_i),是指积累质量变化达到天平能检测程度时的温度;C 点为终止温度(T_f),是指积累质量变化达到最大时的温度;$T_f \sim T_i$(B、C 点间温度差)为反应区间。测定曲线上平台之间的质量差值,可以计算出样品在相应温度范围内减失质量分数。热重分析的特点是能够准确地测量物质的质量变化及变化速率,样品用量少(1~20 mg),比常用干燥失重法测定速度快。

差热分析是在程序温度下,测量物质(样品)与参比物的温度差与温度关系的技术。参比物在受热过程中不发生热效应,样品与参比物同时置于加热炉中,以相同的条件升温或降温,当样品发生相变、分解、化合、升华、失水、熔化等热效应时,样品与参比物之间就产生差热,利用差热电偶可以测量出反映该温度差的差热电势,并经微伏直流放大器放大后输入记录器即可得到差热曲线。

DTA 曲线是以温度(或加热时间)为横坐标,以测量样品与参比样品之间的温差(ΔT)为纵坐标作图而得的,如图 4-17 所示。

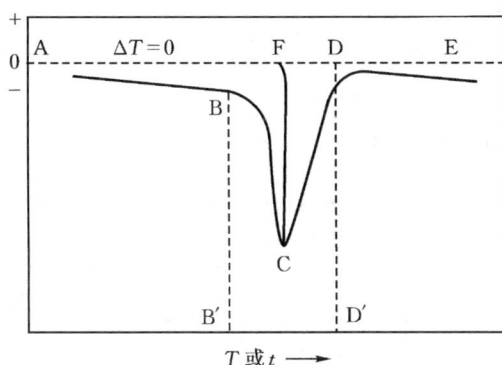

图 4-17　DTA 曲线示意图

图中 AB 及 DE 为基线,是 DTA 曲线中 ΔT 不变的部分(表示样品未发生吸热反应);BCD 为吸热峰,是指样品产生吸热反应,则温度低于参比物质,ΔT 为负值(峰形凹起于基线);若为放热反应,则图中出现放热峰,温度高于参比物质,ΔT 为正值(峰形凸起于基线);$B'D'$ 为峰宽,为曲线离开基线与回至基线之间的温度(或时间)之差;CF 为峰高,是自峰顶 C 至补插基线 BD 间的距离。在 DTA 曲线中物理变化常得到尖峰,而化学变化则峰形较宽。DTA 法可用来测定物质的熔点。根据吸热或放热峰的数目、形状和位置还可以对样品进行定性分析,并估测物质的纯度。

DTA 法所用样品质量为 0.1~10 mg,加热速率一般为 10~20℃ · $\min^{-1}$。有许多物质在加热过程中往往同时产生挥发失重,或由于化学反应产生挥发性物质,故可将 DTA 法与 TGA 法结合使用,即同时作 TGA 和 DTA。

差示扫描量热法(DSC)是在整个分析过程中,维持样品与参比物质的温度相同,测定维持在相同温度条件下所需的能量差。因此,当样品发生吸热变化时,温度要下降,必须补充较参比物质更多的能量才能使其温度与参比物质相同。反之,当样品发生放热反应肘,温度升高,则供给的能量应较参比物质为少,方能使其温度仍与参比物质相同。由于供给的能量差相当于样品发生变化时所吸收或释放的能量,记录这种维持平衡的能量即是所需的转化热量。因此,DSC 较 DTA 更适用于测量物质在物理变化或化学变化中焓的改变。DSC 曲线与 DTA 曲线稍有不同,它是以热流率(mJ·s^{-1})为纵坐标,温度(或加热时间)为横坐标,通常为吸热反应峰向上,放热反应峰向下的曲线(也有仪器记录的吸热峰或放热峰方向与 DTA 曲线相同)。它们的共同特点是峰在温度轴(或时间轴)的位置、形状、数目与物质的性质有关,可以用来鉴别物质、检查纯度以及测定相变温度等。而峰的面积与反应热有关,可以用来定量地估计参与反应的物质的量或测定热化学参数。

图 4-18 为葡萄糖酸锌的 DSC 曲线,曲线显示 3 个峰,峰 1 为样品脱水的吸热峰。

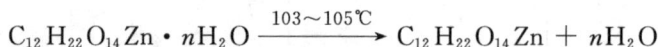

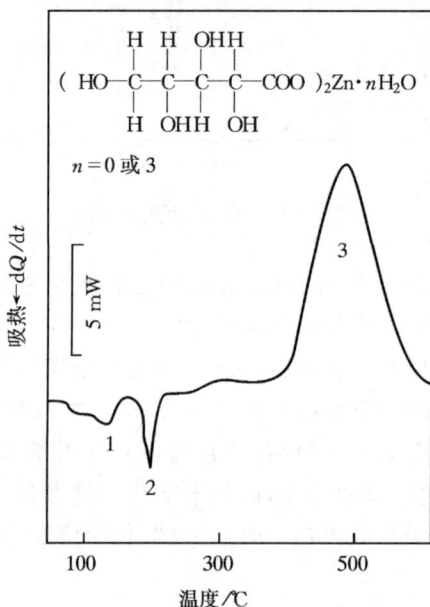

$$C_{12}H_{22}O_{14}Zn \cdot nH_2O \xrightarrow{103\sim105℃} C_{12}H_{22}O_{14}Zn + nH_2O$$

图 4-18 葡萄糖酸锌的 DSC 曲线

峰 2 为样品熔化和分解造成的吸热峰。

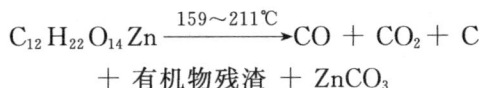

$$C_{12}H_{22}O_{14}Zn \xrightarrow{159\sim211℃} CO + CO_2 + C$$
$$+ 有机物残渣 + ZnCO_3$$

峰 3 为 211～566℃氧化分解及碳粒燃烧的放热峰,最终产物为 ZnO。

热分析技术有以下基本特征:

(1)采用热分析技术(如 TG、DTA、DSC 等)仅用单一试样就可以在很宽的温度范围内进行观测,依此种方式按所谓非等温动力学参数是很方便的。

(2)采用各类试样容器或附件,便可适用几乎任何物理状态的试样(固体、液体或凝胶)。

(3)仅用少量试样(0.1 μg～10 mg)。

(4)可在静态或动态气氛进行测量,如有需要可采用氧化性气氛、惰性气体、还原气氛、腐蚀性气体、含水样的气体、减压(或真空)等各种气氛。

(5)完成一次实验所需的时间从几分钟到几小时。

(6)热分析结果受实验条件的影响,如试样尺寸和量,升、降温速率,试样周围气氛的性质和组成以及试样的热历史和在加工过程形成的内应力等。

热分析仪器通常是由物理性质检测器,可控制气氛的炉子、温度程序器和记录装置等各部分组成,如图 4-19 所示。现代热分析仪器通常是连接到监控仪器操作的一台计算机上,来控制温度范围、升降温度速率、气流和数据的累积、存储,并由计算机进行各类数据分析。

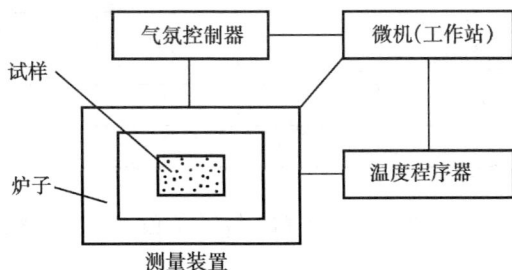

图 4-19　热分析仪方块图

三、仪器和试剂

1. 仪器

热重差热同步热分析仪,真空干燥器 1 只,布氏漏斗(6 cm)1 只,吸滤瓶(250 mL)1 只,量筒(50 mL)1 只,烧杯(100 mL)1 只,烧杯(250 mL)1 只。

2. 试剂

$CuSO_4 \cdot 5H_2O$（C. P.）；$K_2C_2O_4 \cdot 5H_2O$（C. P.），无水乙醇（C. P.），

P_2O_5（C. P.）。

四、实验步骤

1. 配合物 $K_2[Cu(C_2O_4)_2] \cdot 2H_2O$ 的制备

取 0.05 mol $CuSO_4 \cdot 5H_2O$，用 25 mL 水溶解并加热到 90℃。另取 0.2mol $K_2C_2O_4 \cdot 5H_2O$ 用 100 mL 水溶解并加热到 90℃，在激烈搅拌下，将草酸钾溶液迅速加到硫酸铜溶液里，冰水冷却，析出沉淀，抽滤，冷水洗涤，50℃烘干样品。

2. $K_2[Cu(C_2O_4)_2] \cdot 2H_2O$ 配合物的热分析测定

在氧化铝坩埚中装入配合物样品几十毫克，以 Al_2O_3 或 MgO 为基准物，在空气或氮气氛中以 10℃ · min^{-1} 的升温速率测定配合物从室温到 500℃的 TG 和 DTA 曲线。

五、数据记录及处理

(1)配合物 $K_2[Cu(C_2O_4)_2] \cdot 2H_2O$ 称重，并计算其产率。

(2)由 TG 和 DTA 曲线所得的热分析参数记录于表 4 - 7。

表 4 - 7　测定的热分析参数

项目 ＼ $T_峰$/℃	T1	T2	T3
ΔH			
dW/W(%)			

(3)对照 TG 和 DTA 曲线，由 T 峰、dW/W 值推断配合物的热分解机理。

六、注意事项

(1)为便于比较，在测定一系列样品时，应采用相同的加热速度，升温速度一般采用 2～20℃ · min^{-1}。炉内气氛及其压力不同，样品热分解过程也不相同，因而 TG 曲线和 DTA 曲线的形状也随之不同。因此，在实际测定中必须根据待测样品选择适当的炉内气氛及其压力。

(2)样品用量的不同，一方面造成炉气氛不同，另一方面固体样品因分解速度等因素造成分解过程的不同，样品的用量过多，往往易形成包块，这样使相邻

的峰互相重叠而无法分辨。因此在热分解过程中,根据仪器的灵敏度、稳定性等因素选择一适当量的样品,并在实际操作过程中使样品和基准物充填程度尽量一致。

七、思考题

1. 为什么 TG 和 DTA 必须要维持等速升温?
2. 热分析技术的基本原理是什么?

实验 4.32　流动注射分光光度法测定自来水中铁含量

一、实验目的

(1)了解流动注射分析方法的原理。
(2)掌握流动注射分析仪的使用。

二、实验原理

流动注射分析(flow injection analysis,FIA)是近 20 年才出现的一种分析技术,将它与分光光度检测技术相结合,即为流动注射分光光度法。它的特点是可以在连续流动的情况下,完成取样、显色、测定的全过程,具有取样量少(通常为 μL 级)、分析速度快(至少可达 100 次/h)、易于自动化等优点,广泛地应用于各行各业的在线或非在线分析,是发展最快、应用最广的流动注射分析技术。

一般可将 FIA 过程概括为:将一定体积的试样液以"塞子"(plug)的形式,间歇地注入处于密闭的、具有一定组成的流动液体(试剂或水)载流中,试样塞在被载流推入反应管道的过程中,因对流和扩散作用而分散形成具有一定浓度梯度的试样带(sample zone)。该试样带与载流中的某些组分发生化学反应生成可被检测的物质,最后被载流带入检测器进行检测,并由记录仪连续记录响应信号随时间的变化情况。在 FIA 中,载流除了具有推动试样进入反应管道和检测器、与试样待测组分发生反应等作用外,还可对反应管道和检测器进行自动清洗,防止试样交叉污染。这也是 FIA 方法分析速度快的一个重要原因。可见,在 FIA 中,从试样注入到完成分析,整个过程经历了一系列复杂的物理、化学过程,如基于试样、试剂和载流三者之间的扩散和对流的分散混合过程(物理过程),试剂与试样间的化学反应过程(化学过程),以及检测器对目标物的响应(能量转换过程）。本实验中,利用 FIA 技术测定自来水中铁的含量。它是利用 Fe^{2+} 与邻二氮杂菲形成红色配合物,在 510 nm 处有最大吸收。本实验用标准曲线法来测定自来水中 Fe 的含量,因为溶液的吸光度与 Fe 的含量成正比,通过测定标准和自来水的吸光度来测铁的含量。其测定流路如图 4-20 所示。

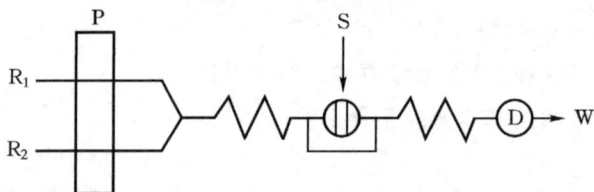

图 4-20 铁测定流路图
P:蠕动泵;S:进样阀;R1,R2:试剂溶液;D:检测器;W:废液

三、仪器与试剂

1. 仪器

流动注射分光光度仪。

2. 试剂

邻二氮杂菲,盐酸羟胺,醋酸钠,Fe 标准溶液(参照实验 4.1 仪器与试剂部分)。

四、实验步骤

(1)开启流动注射分光光度仪。
(2)配制铁标准系列溶液。
(3)把铁标准溶液依次注入到流动注射体系中测定其吸光度。
(4)把样品注入到流动注射体系中测定其吸光度。

五、数据记录与处理

(1)列表记录各项实验数据。
(2)绘制标准曲线。
(3)求出自来水中铁的含量($g \cdot L^{-1}$)。

六、注意事项

(1)蠕动泵在输液的情况下,输入聚四氟乙烯管不得离开溶液,防止气泡进入!

(2)六通阀的连接要正确、可靠,不得有渗水现象。

(3)输液管应及时更换,保证具有相当的弹性。

(4)采样时间适当,保证定量管内充满待测溶液。

(5)混合管的长度应适当,过短反应不完全,过长又浪费时间。

(6)分光光度计内的硅胶干燥剂应经常更换。

七、思考题

1. 流动注射分光光度法与传统的分光光度法在原理上有什么区别?

2. 如何保证流动注射分析的重现性?

附　流动注射分光光度计的使用方法

(1)检查各电源线路是否正常。

(2)检查分光光度计各旋钮是否处于正常位置,并打开比色横盖板;开启电源,预热仪器 20 min。

(3)按要求连接好蠕动泵各输液管和毛细管及六通阀;在各输液毛细管插入溶液的情况下,开启蠕动泵电源,用蠕动泵输液胶皮管的压紧螺丝调节合适的流速。

(4)调整分光光度计的仪器零点,盖上比色槽盖板,调节仪器处于待测波长下。

(5)在蠕动泵输入为试剂溶液的情况下(此时六通阀应处在待测溶液进入定量管的采样状态),调节分光光度计的吸光度为零(透光率为 100)。

(6)转动六通阀为进样状态,使待测溶液从定量管注入试剂溶液流,观察分光光度计中吸光度的变化,记录其最大值。

(7)待吸光度恢复为零后,将六通阀转至采样状态;关闭蠕动泵;将毛细管提起并插入另一待测溶液中。

(8)重新启动蠕动泵,对待测溶液进行采样,重复 5、6、7 的步骤,依次测定其他溶液吸光度。

(9)测量完毕,输入蒸馏水冲洗整个流路 10 min。

(10)关机,先关分光光度计电源,后关蠕动泵电源,并将蠕动泵上输液聚四氟乙烯管的压紧螺丝松开。

实验 4.33　盐酸肾上腺素注射液的含量测定

一、实验目的

(1)熟悉利用灵敏而不稳定的化学反应进行流动注射定量分析的方法。

(2)掌握用试剂为载流的单流路流动注射分析法。

(3)熟悉用三氯化铁试液为载流,肾上腺素类药物的流动注射分析法。

二、实验原理

肾上腺素类药物都可用三氯化铁显色法鉴别,该法灵敏。本实验利用此鉴别反应,以三氯化铁试液为载流,在 720 nm 检测,测定肾上腺素类注射液的含量,方法简便、快速,精密度及准确度均符合要求。

三、仪器与试剂

1. 仪器

流动注射分光光度计。

2. 试剂

(1)标准溶液的配制。准确称取肾上腺素标准品 0.5 g,溶解,转移入 250 mL 容量瓶中,加盐酸适量,加水稀释至刻线,摇匀。该标准溶液浓度为 1 mg·mL^{-1}。依次稀释成 5～50 μg·mL^{-1} 的系列标准溶液。

(2)样品溶液的配制。取 1 mL(1 mg·mL^{-1})规格的盐酸肾上腺素注射液 1 支,准确量取 0.5 mL,置 25 mL 容量瓶中,加水稀释至刻线,摇匀。

(3)载流溶液。配制质量浓度为 0.2% 的 FeCl$_3$ 溶液 500 mL。

四、实验步骤

1. 流路与实验条件

流路结构同图 4-21,混合螺旋管(反应管)长 75 cm,检测器 D 的波长为 720 nm,载流流量 2.2 mL·min^{-1},采样体积 60 μL。

2. 测定工作曲线

取 5、10、20、30、40 及 50 μg·mL^{-1} 的标准溶液,按上述流路与实验条件,每

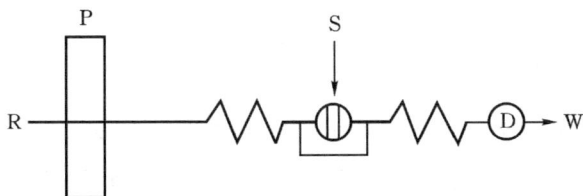

图 4-21　测定流路图

R:载流;P:蠕动泵;S:样品溶液;D:检测器;W:废液

种溶液进样 7 次,测定峰高,计算精密度(RSD 应小于 1%)。求算以峰高平均值为纵坐标,标准溶液的浓度为横坐标的回归方程。

3. 样品的含量测定

将规格为 $1\ mg\cdot mL^{-1}$ 的盐酸肾上腺素注射液,按样品溶液的配制方法配制(稀释 50 倍)。每批取 3 份试样,每份试样进样 7 次,取峰高均值,代入曲线求出盐酸肾上腺素注射液的质量浓度。

五、数据记录及处理

(1)绘制标准曲线。

(2)根据标准曲线确定样品中盐酸肾上腺素的质量浓度,判定样品是否合格。

注:《中华人民共和国药典》2000 年版规定盐酸肾上腺素注射液含肾上腺素($C_7H_{13}NO_3$)应为标示量的 85.0%～115.0%。

六、思考题

1. 为什么流动注射分析法可用盐酸肾上腺素的显色反应(不平衡化学反应)进行定量分析?

2. 流动注射分析法定量,与化学定量分析法相比,有何优缺点?

实验 4.34　聚乳酸分子量的测定

一、实验目的

(1)熟悉安捷伦 1100LC 凝胶色谱仪的组成及原理。

(2)测定聚乳酸的分子量及其分子量分布。

二、实验原理

凝胶色谱又称排阻色谱或凝胶渗透色谱(Gel Permeation Chromatography、GPC),是利用被分离物质分子量大小的不同和在填料上渗透程度的不同,以使组分分离。常用的填料有分子筛、葡聚糖凝胶、微孔聚合物、微孔硅胶或玻璃珠等,可根据载体和试样的性质,选用水或有机溶剂为流动相。聚合物在分离柱上按分子流体力学体积大小被分离开。

让被测量的高聚物溶液通过一根内装不同孔径的色谱柱,柱中可供分子通行的路径有粒子间的间隙(较大)和粒子内的通孔(较小)。当聚合物溶液流经色谱柱时,较大的分子被排除在粒子的小孔之外,只能从粒子间的间隙通过,速率较快,而较小的分子可以进入粒子中的小孔,通过的速率要慢得多。经过一定长度的色谱柱,分子根据相对分子质量被分开,相对分子质量大的在前面(即淋洗时间短),相对分子质量小的在后面(即淋洗时间长)如图 4-22 所示,A 和 B 两种颗粒代表不同尺寸的两种高分子,月牙形颗粒代表色谱柱内的填料。通常色谱柱填料是经过设计的具有不同孔径的高分子凝胶珠。当 A 和 B 的高分子进入色谱柱以后,以一定速度流动的流动相在不停地冲洗色谱柱的同时,带动高分子颗粒在色谱柱内的移动。当高分子与凝胶珠填料接触时,尺寸大的高分子不能进入凝胶珠填料的孔,如图 4-22 中 A 的大分子。所以 A 的大分子在流动相的冲洗下先流出色谱柱。而 B 的尺寸较小的高分子可以进入凝胶填料珠的小孔,好像暂时被填料保留住了一样,最后由于流动相不停的冲洗,B 高分子也会

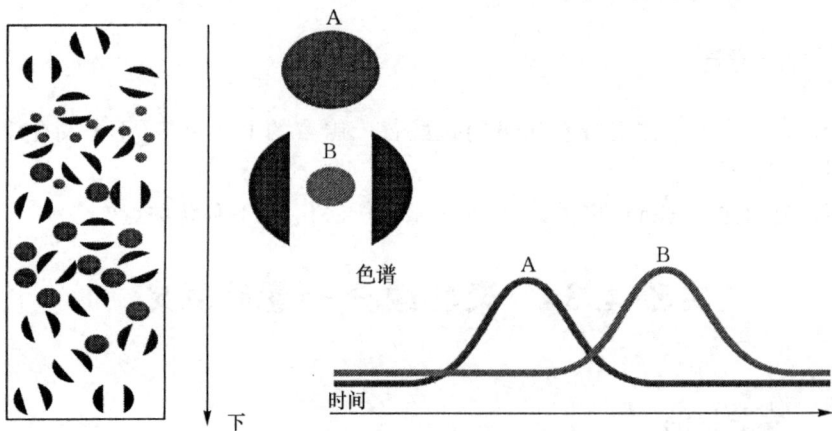

图 4-22　凝胶色谱原理示意图

流出色谱柱,但是流出的时间较 A 分子长了很多。图 4-22 右下方给出 A 高分子和 B 高分子的凝胶色谱图,横坐标为保留时间,可以看出 A 高分子的保留时间明显小于 B 高分子,这说明 A 高分子分子量较大,比 B 高分子先流出色谱柱。自试样进柱到被淋洗出来,所接受到的淋出液总体积称为该试样的淋出体积。当仪器和实验条件确定后,溶质的淋出体积与其分子量有关,分子量愈大,其淋出体积愈小。

用已知相对分子质量的单分散标准聚合物预先做一条淋洗体积或淋洗时间和相对分子质量对应关系曲线,该线称为"校正曲线"。聚合物中几乎找不到单分散的标准样,一般用窄分布的试样代替。在相同的测试条件下,做一系列的 GPC 标准谱图,对应不同相对分子质量样品的保留时间,以 $\lg M$ 对 t 作图,所得曲线即为"校正曲线"。

通过校正曲线,就能从 GPC 谱图上计算各种所需相对分子质量与相对分子质量分布的信息。聚合物中能够制得标准样的聚合物种类并不多,没有标准样的聚合物就不可能有校正曲线,使用 GPC 方法也不可能得到聚合物的相对分子质量和相对分子质量分布。对于这种可以使用普适校正原理。

标准工作曲线的制定:标准工作曲线由一系列分布很窄,分子量已知的高分子标样做出,同时标样的结构和分子链的构象要与未知高分子尽可能的接近。

(1)首先选用与被测样品类型相似的单分散性(d≤1.1)标样。先用其他方法精确测定其绝对分子量。

(2)然后将标样进行 SEC/GPC 分析,得到每个窄分布标样的峰位淋洗体积 (Ve),也就是每个标样在色谱柱内的保留时间乘以流速。

(3)以 Ve 为 X 轴,$\lg M$ 为 Y 轴作图,这样就可以得到校正曲线。

$$\lg \overline{M} = A - BVe$$

式中,A,B 为常数,A 表示排斥极限,B 表示渗透极限。

(4)将待测高分子进行 SEC/GPC 分析,得到待测高分子的峰位淋洗体积 Ve。在标准曲线上将 Ve 推回 Y 轴得到 $\lg M$,此 M 即为待测高分子的分子量。

三、仪器与试剂

1. 仪器
安捷伦 1100LC 凝胶色谱仪。

2. 试剂
四氢呋喃:色谱纯,使用前经过 $0.2\ \mu m$ 的超滤膜过滤。

3. 样品

聚乳酸:配制成 0.5～1.0％的四氢呋喃溶液。校正曲线由聚苯乙烯标样做出。

四、实验步骤

(1)将流动相(经超滤膜滤过的色谱级的四氢呋喃)加入到溶剂瓶中,按操作步骤操作,直到基线平稳。

(2)编辑样品信息(样品名称,编号,操作者姓名等),进样,仪器自动采集数据并保存,样品峰出完后仪器自动停止采集数据。

五、数据记录及分析

启动 instrument 1(off line),进入化学工作站数据分析界面,打开所要分析的样品图谱及 GPC 分析软件,选择样品峰的起始点和终点,再选择校正曲线,点Windows 下的分子量分布,仪器自动给出该样品的数均分子量,重均分子量,分子量分布等信息。

六、注意事项

(1)流动相使用前必须过滤。

(2)做完样品后,必须用溶剂冲洗 15 min,方可关机。

(3)一定要使用专用进样针头进样。

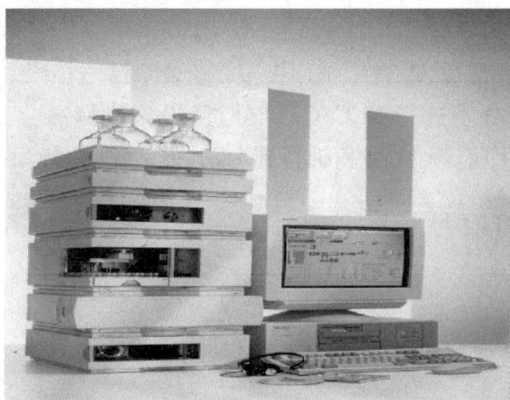

图 4-23　安捷伦 1100LC 凝胶色谱仪

附 安捷伦 1100LC 凝胶色谱仪简介

安捷伦 1100LC 凝胶色谱仪(如图 4－23 所示),主要特点是操作简便、测定周期短、数据可靠、重现性好,是一种快速的分子量与分子量分布的测定方法。并通过化学工作站运用最新计算机技术,自动计算结果,十分快捷方便,可用于各种聚合物样品。

1. 主要技术指标

泵:压力 0～40 $MPa \cdot cm^{-2}$,流量 $0.001～10 \ mL \cdot min^{-1}$,准确度<2%,精确度<0.3%。

环境温度:范围 4～55℃,精度 ±0.15℃,湿度:< 95%。

示差折光检测器:折光率范围 1.00～1.75 RIU。

2. 仪器组成

凝胶色谱仪的组成有泵系统、进样系统、凝胶色谱柱、检测系统和数据采集与处理系统。

(1)泵系统:包括一个溶剂储存器、一套在线脱气机和一个单元泵。它的工作是使流动相(溶剂)以恒定的流速流入色谱柱。泵的工作状况好坏直接影响着最终数据的准确性。越是精密的仪器,要求泵的工作状态越稳定。要求流量的误差应该低于 $0.01 \ mL \cdot min^{-1}$。

(2)色谱柱:是凝胶色谱仪分离的核心部件。是在一根不锈钢空心细管中加入孔径不同的微粒作为填料。色谱柱都有一定的相对分子质量分离范围和渗透极限,色谱柱有使用的上限和下限。色谱柱的使用上限是当聚合物最小的分子的尺寸比色谱柱中最大的凝胶的尺寸还大,这时高聚物进入不了凝胶颗粒孔径,全部从凝胶颗粒外部流过,这就没有达到分离不同相对分子质量的高聚物的目的。而且还有堵塞凝胶孔的可能,影响色谱柱的分离效果,降低其使用寿命。色谱柱的使用下限就是当聚合物中最大尺寸的分子链比凝胶孔的最小孔径还要小,这时也没有达到分离不同相对分子质量的目的。所以在使用凝胶色谱仪测定相对分子质量时,必须首先选择好与聚合物相对分子质量范围相配的色谱柱。安捷伦凝胶色谱柱分为水相和有机相两种,是一根长 30 cm 的不锈钢柱,可测量分子量在 200～3 000 000 的聚合物。

(3)检测系统:示差折光仪检测器,适用于所有高聚物和有机化合物的检测。溶剂的折光指数与被测样品的折光指数要有大的区别。

(4)数据采集与处理系统:计算机自动采集数据,安捷伦化学工作站对数据进行处理与分析。

3. 操作

(1)溶剂的选择:能溶解多种聚合物,不能腐蚀仪器部件,与检测器相匹配。配置测试样品的溶剂应采用色谱纯的试剂,并经过 0.2 μm 超滤膜过滤后方可使用。配好的溶液也要用 0.2 μm 的超滤膜过滤。

(2)操作步骤

① 打开计算机,启动 CAG Bootp Server 程序。

② 开启仪器各模块电源,仪器自检。

③ 待仪器自检完成后,启动 instrument 1(on line),化学工作站自动与仪器通讯,进入工作界面。

④ 打开脱气阀 1~2 圈。

⑤ 点击泵图标,单击 setup pump 选项,进入泵编辑画面。

⑥ 设 flow:5 mL · min^{-1},单击 OK。

⑦ 点击泵图标,单击 pump control 选项,选 on,单击 OK。系统开始脱气,直到管线内无气泡(由溶剂瓶到泵入口)。

⑧ 点击泵图标,单击 pump control 选项,选 off,单击 OK 关泵,关闭脱气阀。

⑨ 点击泵图标,单击 setup pump 选项,设 flow:1 mL · min^{-1},单击 OK。

⑩ 点击色谱柱图标,设柱温,单击 OK。

⑪ 点击检测器图标,根据需要选择溶剂循环与否,单击 OK。

⑫ 待仪器 ready,基线平稳,即可进样。

实验 4.35 牛奶中蛋白质的氨基酸分析

一、实验目的

理解氨基酸分析仪的工作原理及常用蛋白质氨基酸测定的方法。

二、实验原理

牛奶中含有蛋白质,碳水化合物,脂肪,水,维生素 D 和钙以及其他微量元素,其中蛋白质和脂肪,水占大多数,以蛋白质的含量为最多。用于全氨基酸测定的样品,凡是以蛋白质形式存在的都要进行水解处理,水解方法有 3 种。

(1)酸水解法:标准水解法,是普遍采用的水解方法,该方法用 6 mol · L^{-1} HCl 作水解剂,它的特点是水解彻底,但色氨酸遭破坏。

优点:HCl 本身加热可以蒸发除掉。缺点:溶液显黑褐色、与含醛基化合物作用的结果。

（2）碱水解法：用 NaOH（LiOH、Ba(OH)$_2$）作为水解剂，色氨酸不被破坏，但有消旋作用，丝氨酸、苏氨酸、精氨酸、胱氨酸遭不同程度的破坏。

优点：水解液清亮。缺点：放出氨气和硫化氢。

（3）酶水解法：酶是有机催化剂，它不需要高温高压，而是在常温常压下即可催化有机物质的合成与分解。

优点：水解条件温和，无需特殊设备，氨基酸不受破坏；产物中除氨基酸外尚有较多肽类；此方法主要用于生产水解蛋白及蛋白肽。缺点：水解时间长、而且不易水解完全。

目前日本、欧洲和我国植物蛋白水解生产上采用的工艺均为酸水解法。

本次实验从牛奶中提取蛋白质的方法是通过磺基水杨酸酸解法，通过这种方法可以有效的去除牛奶中的游离氨基酸，并能得到一定量的蛋白质。

三、仪器与试剂

1. 仪器

日立 8900 氨基酸分析仪，水循环式真空泵，电热干燥箱。

2. 试剂

6 mol·L^{-1}盐酸，1％茚三酮溶液，40～50％磺基水杨酸。

四、实验步骤

（1）将等体积的磺基水杨酸加入到等体积的牛奶中，搅拌数分钟，直至使酸和牛奶充分的接触。然后经过抽滤，以去除游离氨基酸，并用蒸馏水不断清洗5～7遍，反复抽滤，以便游离的氨基酸完全被去除。最后将其放在 44℃ 的烘箱中烘干。

（2）取出 0.5g 的蛋白质粗品放入水解瓶中，加入 6 mol·L^{-1} 的 HCl 约 10 mL，然后用真空泵进行抽真空处理，并用酒精喷灯将水解管封口，待冷却后确认下封口是否封好。

（3）将水解管放在 110℃ 的烘箱中水解 24h，待 24h 过后，从烘箱中取出水解管，发现溶液显黑褐色，这是由于与含醛基化合物作用的结果。将其放在冰箱中冷却几分钟，然后将水解管打开，用玻璃棒蘸少许水解液移至滤纸上并用茚三酮喷洒，会发生颜色反应。

（4）从水解液中直接取 1 mL 液体，并将其稀释 300 倍，进样。

五、数据记录与处理

表 4-8 为几种不同牛奶样品中蛋白质含量的分析结果。

表 4-8 几种牛奶样品中蛋白质氨基酸的含量(mg·100 mL^{-1})

样品标号 氨基酸	1	2	3	4	5	6
Asp	3.06	1.72	1.64	2.11	2.13	2.10
Thr	1.39	0.91	0.86	1.11	1.14	1.16
Ser	1.90	1.21	1.15	1.48	1.52	1.40
Glu	7.60	4.96	4.77	6.09	6.25	5.16
Gly	0.81	0.37	0.35	0.46	0.47	0.41
Ala	1.22	0.72	0.67	0.89	0.92	0.74
Cys	0.00	0.00	0.00	0.00	0.00	0.00
Val	1.61	1.04	0.89	1.20	1.34	1.11
Met	0.79	0.60	0.55	0.73	0.73	0.64
Ile	1.34	0.74	0.70	0.94	1.01	0.83
Leu	2.90	1.81	1.73	2.84	2.16	2.11
Tyr	1.82	1.23	1.18	1.52	1.36	1.28
Phe	1.52	0.90	0.85	1.11	1.05	1.03
Lys	0.00	0.00	0.00	0.00	0.00	0.00
His	3.05	1.79	1.61	2.02	1.74	1.62
Arg	1.45	0.62	0.58	0.74	0.75	0.70
总计	30.46	18.62	17.53	23.24	22.57	20.29

六、注意事项

(1)在使用 L-8900 氨基酸分析仪之前,必须运行系统再生程序。

(2)反应柱温度达到 135℃后,再运行程序。

(3)若仪器超过 1 个月未使用,需定期对系统进行冲洗。

(4)在水解过程中样品必须保持真空状态。

七、思考题

1. 为什么样品在水解过程中要保持真空状态？
2. 简单描述一下 L-8900 氨基酸分析仪的结构功能？
3. 目前常用的氨基酸分析方法有哪些，和 L-8900 相比较有什么不同？

附　氨基酸分析仪的结构与原理

氨基酸自动分析仪现在多做成一个个单元组件，最基本的组件是输液泵、进样器、色谱柱、检测器和工作站。此外，还可根据需要配置自动进样系统、流动相在线脱气装置和自动控制系统。图 4-24 是 L-8900 氨基酸自动分析仪的内部结构图。

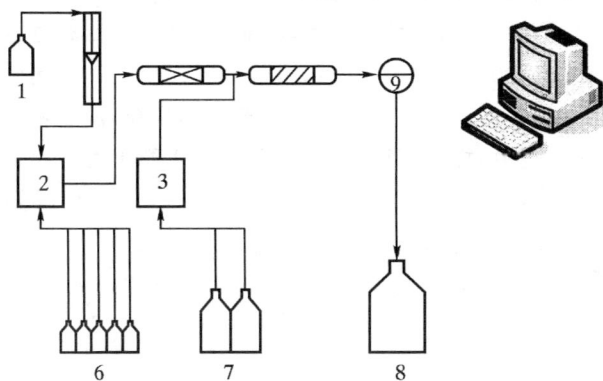

图 4-24　氨基酸自动分析仪内部结构释义图
1：进样瓶；2：1 号泵；3：2 号泵；4：自动进样器；5：分离柱；6：缓冲液；7：反应液；8：废液瓶；9：监测器；10：反应柱

1. 高压（输液）泵

L-8900 氨基酸分析仪采用双柱塞串联往复泵，此种泵采用了高速反馈实时控制技术，最大的优点是脉动小、流速稳定、噪音低。这种泵可保证所供液体流量恒定、流速稳定。流量是否恒定关系到峰的重复性、分辨率和定量的准确。流速如果不稳定会产生脉动，它可导致检测器噪音增大、最小检测量增加灵敏度下降。实时控制技术系统采用了一个高速传感器，对内部压力进行实时监控，在柱塞换向的时间区段内、系统压力有所下降趋势时快速反馈给 CPU、并发出指令使步进电机加快运转、消除脉动，反之当系统压力升高时则电机减慢运行。

2. 分离柱

L-8900 氨基酸分析仪能在短短的 30 min 之内将 18 种氨基酸分离开来,关键在于采用了最新的日立专用 $3\mu m$ 阳离子交换树脂填充的高分辨率的分析柱,同等条件下对于填充柱来讲,填充微粒越细的树脂其理论塔板数越高,其分离效果也越好,而且此种填充柱还可以在高流速下进行工作,大大提高了分辨率和工作效率。

3. 反应柱

与高效液相色谱仪系统不同,L-8900 氨基酸分析仪在分离柱后安装了反应柱,这样可以避免衍生过程带来的系统误差。反应柱长度仅为 4 cm,填料为惰性均匀小颗粒金刚砂,此种柱中小颗粒填料不但令液体流动平缓均匀,而且在 135℃ 最佳反应温度下大大提高了比表面积,完全避免了样品峰的扩散及重叠现象,从而保证了样品在高灵敏度、快速分析过程中有很好的进行最佳状态。而别的公司大多采用反应圈技术,在传统的反应圈中样品带在分离时容易扩散、引起重叠效应,液体在反应圈中流动时中间部位快、两边慢,从而引起样品带的加宽,反应后会产生峰重叠。而通过在反应柱中填充的小颗粒,流动相移动平缓、流动均匀,无样品带加宽现象,峰呈高斯分布,更不会产生峰重叠。

第5章 综合性实验和设计性实验

5.1 综合性实验示例

实验 1 酸奶中总酸度的测定

一、实验目的

(1)掌握乳浊液滴定终点的观察方法。
(2)掌握用酸碱滴定和电位滴定测定酸奶酸度的方法。
(3)掌握电位滴定法标定 NaOH 的浓度。
(4)了解实际样品的分析方法。

二、实验原理

酸奶中的酸由多种有机酸组成,这些有机酸是优质鲜牛奶经消毒后加入乳酸链球菌发酵而成的,可用酸碱滴定或电位滴定法测定其总酸度,以检测酸奶的发酵程度。酸碱滴定法是用 NaOH 标准溶液滴定,用酚酞指示滴定终点。电位滴定法是根据化学计量点附近的 pH 值突跃,经数据处理确定滴定终点。两种方法都由滴定终点消耗 NaOH 标准溶液的体积来计算总酸度。

三、仪器与试剂

1. 仪器

酸式滴定管,锥形瓶,ZD—2 型自动电位滴定仪,电磁搅拌器,复合玻璃电极,10 mL 半微量碱式滴定管,100 mL 小烧怀等。

2. 试剂

$0.1\ mol\cdot L^{-1}$ NaOH 标准溶液,0.2% 酚酞乙醇溶液,标准缓冲溶液

（pH6.86、pH 9.18）、邻苯二甲酸氢钾（基准物）、市售酸奶。

四、实验步骤

1. 酸碱滴定法分析酸奶总酸度

（1）标定 0.1mol·L⁻¹NaOH 标准溶液（参考实验 3.3）。

（2）拟定用酸碱滴定法分析时酸奶的称量范围。

取 250 mL 酸奶充分搅拌均匀，称 5～6g 左右，加 15 mL 温热的（约 30～40℃）去离子水并搅拌均匀，加酚酞指示剂 2～3 滴，用 NaOH 标准溶液滴定至试液呈粉红色，并 30s 内不褪色。根据 NaOH 消耗体积重新确定酸奶的称量范围。

（3）准确称取消耗 20～25 mLNaOH 标准溶液所需的酸奶质量，加 50 mL 温热去离子水，重复上述滴定操作。测定 3 次。

2. 电位滴定法标定 NaOH 标准溶液的浓度

（1）安装复合玻璃电极，用 pH6.86 和 pH9.18 的标准缓冲溶液标定仪器。

（2）准确称量邻苯二甲酸氢钾 0.11～0.13 于 100 mL 小烧杯，加水 50 mL，磁力搅拌溶解。

（3）将待标定的 NaOH 溶液装入半微量滴定管，将复合玻璃电极插入邻苯二甲酸氢钾溶液，开启磁力搅拌器。滴加 NaOH，每加入 1.00 mLNaOH，记录相应的 pH 值，至 NaOH 标准溶液滴加完毕，初步确定 pH 突跃范围。

（4）重复（3）的操作，开始滴加 NaOH 时，每次加 1.00 mL，当 pH 接近突跃范围时，改加 0.10 mLNaOH 和记录相应的 pH 值，出现 pH 突跃后继续加 3～5次，再恢复至每次加 1.00 mLNaOH。重复测定 3 次。

3. 电位滴定法测定酸奶总酸度

按消耗 5～7 mLNaOH 确定酸奶的称量范围。准确称取酸奶的量，加入30～40℃去离子水 50 mL，开启磁力搅拌器将之搅拌均匀。插入复合玻璃电极，用 NaOH 标准溶液滴定。

重复 2（3）初步确定 pH 突跃范围，重复 2（4）的操作滴定 2 次，测定 V－pH数据。

五、数据记录与处理

1. 酸碱滴定法分析酸奶总酸度

（1）由实验数据计算 NaOH 标准溶液的浓度。

(2)以 100g 酸奶消耗 NaOH 的克数表示酸奶的酸度。

2. 电位滴定法测定酸奶总酸度

(1)按表 5-1 要求记录 V—pH 实验数据

表 5-1　V—pH 实验数据记录表

V_{NaOH} / mL	pH	ΔV / mL	ΔpH	$\Delta pH / \Delta V$	$\Delta^2 pH / \Delta V^2$
0.00					
1.00					
2.00					
3.00					
$\vdots$					

(2)由实验数据分别绘制标定 NaOH 浓度、测定酸奶总酸度的 pH—V 和 $(\Delta pH / \Delta V)$—V 曲线,确定相应的滴定终点。

(3)用二级微商分别计算标定 NaOH 浓度、测定酸奶总酸度的滴定终点 Ve。

(4)计算 NaOH 标准溶液的浓度与酸奶的总酸度,以 100 g 酸奶消耗 NaOH 的质量(g)表示。

六、思考题

1. 如何确定酸奶的称量范围?
2. 如何由二级微商内插法计算滴定终点 Ve?
3. 比较指示剂法和电位滴定法确定终点的优缺点。

实验 2　蛋壳中 Ca、Mg 含量的测定

方法 1　配位滴定法测定蛋壳中 Ca、Mg 总量

一、实验目的

(1)进一步巩固与掌握配位滴定分析的方法与原理。
(2)学习使用配位掩蔽法排除干扰离子影响的方法。
(3)了解对实物试样中某组分含量测定的一般步骤。

二、实验原理

鸡蛋壳的主要成分为 $CaCO_3$,其次为 $Mg\,CO_3$、蛋白质、色素以及少量的 Fe、Al。

在 pH 10,用铬黑 T 作指示剂,用 EDTA 直接滴定 Ca^{2+}、Mg^{2+} 总量。为提高配位选择性,在 pH 10 时,加入三乙醇胺,掩蔽 Fe^{3+}、Al^{3+} 等离子,以排除它们对 Ca^{2+}、Mg^{2+} 离子测量的干扰。

三、仪器与试剂

1. 仪器

滴定管,锥形瓶,移液管,烧杯,玻璃棒,容量瓶等玻璃器皿。

2. 试剂

$6\ mol \cdot L^{-1}$ HCl 溶液,铬黑 T 指示剂,三乙醇胺水溶液(1:2),pH 10 的 $NH_3 \cdot H_2O - NH_4Cl$ 缓冲溶液,$0.01\ mol \cdot L^{-1}$ EDTA 标准溶液。

四、实验方法

(1)EDTA 标准溶液的标定(参考实验 3.6)。

(2)蛋壳预处理。先将蛋壳洗净,加水煮沸 5～10 min,去除蛋壳内表层的蛋白薄膜,然后把蛋壳放于烧杯中用小火烤干,研成粉末。

(3)自拟定蛋壳称量范围的试验方案。

(4) Ca、Mg 总量的测定。准确称取一定量的蛋壳粉末,小心滴加 $6\ mol \cdot L^{-1}$ HCl 4～5 mL,微火加热至完全溶解(少量蛋白膜不溶),冷却,转移至 250 mL 容量瓶,稀释至接近刻度线,若有泡沫,滴加 2～3 滴 95％乙醇,泡沫消除后,滴加水至刻度线后摇匀。

吸取 25 mL 试液于 250 mL 锥形瓶中,分别加去离子水 20 mL、三乙醇胺 5 mL,摇匀。再加 $NH_3 \cdot H_2O - NH_4Cl$ 缓冲液 10 mL,摇匀。放入少许铬黑 T 指示剂,用 EDTA 标准溶液滴定至溶液由酒红色恰变纯蓝色,即达终点。根据 EDTA 消耗的体积计算 Ca^{2+}、Mg^{2+} 总量,以 CaO 的质量分数表示。

五、思考题

1. 如何确定蛋壳粉末的称量范围?

2. 试列出求钙镁总量的计算式(以 CaO 质量分数表示)。

3. 试解释本实验中的几个现象:

(1)向锌标准溶液滴加氨水至开始出现白色沉淀；

(2)加入缓冲溶液后沉淀又消失；

(3)用铬黑 T 作指示剂,从 EDTA 标准溶液开始滴入至滴定终点时溶液由酒红色转变为蓝色。

4. 用 Zn^{2+} 作基准物,二甲酚橙作指示剂,标定 EDTA 溶液浓度,溶液的酸度应控制在什么范围? 如何控制? 如果溶液酸性较强,该怎么办?

5. 配位滴定法与酸碱滴定法相比,有哪些不同? 操作中应注意哪些问题?

方法 2　高锰酸钾法测定蛋壳中 CaO 的含量

一、实验目的

(1)学习间接氧化还原法测定 CaO 的含量。
(2)巩固沉淀分离、过滤洗涤与滴定分析基本操作。

二、实验原理

利用蛋壳中的 Ca^{2+} 与草酸盐能形成难溶的草酸钙沉淀的性质,将 Ca^{2+} 与蛋壳的其他组分分离,将经过处理的沉淀用酸溶,再用高锰酸钾法测定 $C_2O_4^{2-}$ 含量,换算出 CaO 的含量,主要反应如下:

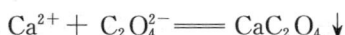

$$Ca^{2+} + C_2O_4^{2-} = CaC_2O_4 \downarrow$$

$$CaC_2O_4 + H_2SO_4 = CaSO_4 + H_2C_2O_4$$

$$H_2C_2O_4 + 2MnO_4^- + 6H^+ = 2Mn^{2+} + 10CO_2 \uparrow + 8H_2O$$

某些金属离子(Ba^{2+}、Sr^{2+}、Mg_{2+}、Pb^{2+}、Cd^{2+})与 $C_2O_4^{2-}$ 能形成沉淀对测定 Ca^{2+} 有干扰。

三、仪器与试剂

1. 仪器

滴定管,烧杯,漏斗等玻璃器皿。

2. 试剂

0.01mol·L^{-1} $KMnO_4$ 溶液,5%(NH_4)$_2C_2O_4$ 水溶液,10% NH_3·H_2O 溶液,1 mol·L^{-1} H_2SO_4 溶液,浓 HCl、1:1HCl 溶液,0.2%甲基橙溶液,0.1 mol·L^{-1} $AgNO_3$ 溶液。

四、实验方法

准确称取如方法 1 中处理的蛋壳粉 3 份(每份含钙约 0.025g),分别放于 250 mL 烧杯中,加 1:1 HCl 溶液 3 mL,加 H_2O 20 mL,加热溶解,过滤。滤液置于烧杯中,加入 5% 草酸铵溶液 50 mL,若出现沉淀,滴加浓 HCl 至沉淀溶解,然后加热至 70~80℃,加入 2~3 滴甲基橙,溶液呈红色,再逐滴加入 10% 氨水,不断搅拌,至溶液呈黄色并有氨味逸出。溶液放置陈化(或在水浴上加热 30 min 陈化),过滤,洗涤沉淀至无 Cl^-。将带有沉淀的滤纸铺在原进行沉淀的烧杯内壁上,用 50 mL 1 mol·L^{-1} H_2SO_4 溶液将沉淀由滤纸洗入烧杯中,再用洗瓶吹洗 1~2 次。加水稀释至溶液体积约为 100 mL,加热至 70~80℃,用 $KMnO_4$ 标准溶液滴定至溶液呈浅红色时把滤纸推入溶液中,继续滴加 $KMnO_4$ 至浅红色在 30s 内不消失为止。计算 CaO 的质量分数。

五、数据记录及处理

按定量分析格式作表格,记录数据,计算 ω_{CaO},相对平均偏差应小于 0.3%。

六、思考题

试比较两种方法测定蛋壳中 CaO 含量的优缺点?

实验 3 纺织品中有机磷农药残留量的测定

一、实验目的

(1)学习配有火焰光度检测器的气相色谱仪(GC-FPD)的使用。
(2)初步掌握外标定量法测定纺织品中有机磷农药残留量的方法。

二、实验原理

试样经乙酸乙酯超声波提取,提取液经浓缩定容后,用配有火焰光度检测器的气相色谱仪(GC-FPD)测定,外标法定量。

三、仪器及试剂

1. 仪器

配有火焰光度检测器的气相色谱仪。

2. 试剂

丙酮,乙酸乙酯,无水硫酸钠(650℃灼烧 3h 冷却后储存于干燥器中备用),有机磷农药标准品(纯度≥98％)。

标准储备溶液:分别准确称取适量的每种有机磷农药标准品,用丙酮分别配制成浓度为 100 $\mu g \cdot mL^{-1}$ 的标准储备液。

混合标准工作溶液:

(1)各用 5 mL 移液管从每种 100 $\mu g \cdot mL^{-1}$ 的有机磷农药标准储备液中分别取出 5 mL 置于一个 100 mL 容量瓶中,用丙酮配制成浓度为 5 $\mu g \cdot mL^{-1}$ 的混合有机磷农药标准工作溶液。

(2)用 10 mL 移液管从浓度为 5 $\mu g \cdot mL^{-1}$ 的混合有机磷农药标准工作溶液中,取出 10 mL 置于 100 mL 容量瓶中,用丙酮配制成浓度为 0.5 $\mu g \cdot mL^{-1}$ 的混合有机磷农药标准工作溶液。

(3)用 2 mL 移液管从浓度为 0.5 $\mu g \cdot mL^{-1}$ 的混合有机磷农药标准工作溶液,取出 2 mL 置于 10 mL 容量瓶中,用丙酮配制成浓度为 0.1 $\mu g \cdot mL^{-1}$ 的混合有机磷农药标准工作溶液。

注意:标准储备溶液在(0～4)℃冰箱中保存有效期为 12 个月。混合标准工作溶液在(0～4)℃冰箱中保存有效期为 6 个月。

四、实验步骤

1. 试样前处理

(1)取代表性样品,将其剪碎至 5 mm×5 mm 以下,混匀。

(2)称取 2.0g(精确至 0.01g)试样,置于 100 mL 具塞锥形瓶中。

(3)加入 50 mL 乙酸乙酯,于超声波发生器中提取 20 min 。将提取液过滤。

(4)残渣再用 30 mL 乙酸乙酯超声提取 5 min,合并两次的滤液。

(5)经无水硫酸钠柱脱水后,收集于 100 mL 浓缩瓶中,于 40℃水浴旋转蒸发器浓缩至近干。

(6)用丙酮溶解并定容至 5.0 mL。

2. 测定

气相色谱-火焰光度检测器(GC－FPD)测定。

(1)气相色谱条件

由于测试结果取决于所使用仪器,因此不可能给出色谱分析的通用参数。设定的参数应保证色谱测定时被测组分与其他组分能够得到有效的分离,下列给出的参数证明是可行的。

① 色谱柱:HP-5 30 m×0.32 mm×0.1 μm 或相当者;

② 色谱柱温度:50℃（2 min）$\xrightarrow{10℃/min}$ 180℃（1 min）$\xrightarrow{3℃/min}$ 270℃（3 min）;

③ 进样口温度:280℃;

④ 检测器温度:300℃;

⑤ 载气、尾吹气:氮气,纯度≥99.999%,柱流量 1.2 mL·min⁻¹;尾吹流量 50 mL·min⁻¹;

⑥ 燃气:氢气,流量 75 mL·min⁻¹;

⑦ 助燃气:空气,流量 100 mL·min⁻¹;

⑧ 进样方式:不分流进样,1.5 min 后打开分流阀;

⑨ 进样量:1μL

（2）气相色谱分析

根据样液中有机磷农药含量情况,选定浓度相近的标准工作溶液,对混合标准工作溶液与样液等体积参插进样。标准工作溶液和待测样液中每种有机磷农药的响应值均应在仪器检测的线性范围内,外标法测定。

在上述气相色谱条件下,30 种有机磷农药标准物的参考保留时间和气相色谱图见图 5-1 和表 5-2。

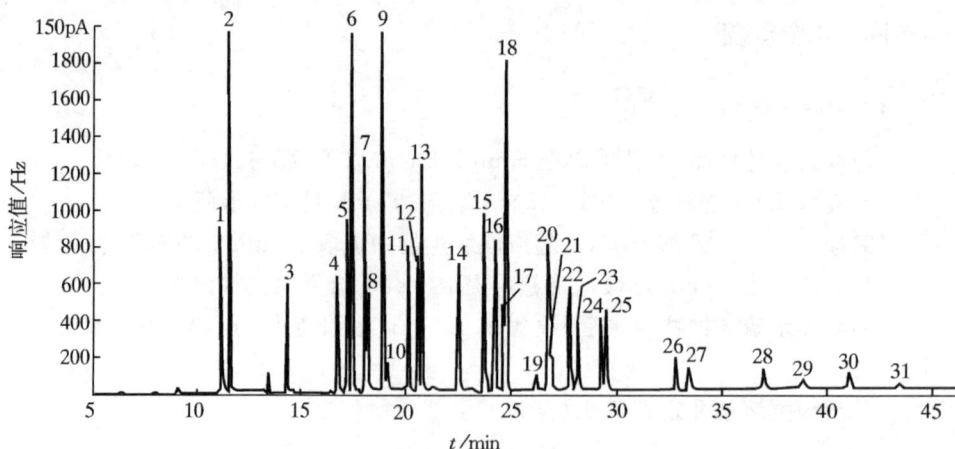

1. 甲胺磷;2. 敌敌畏;3. 速灭磷;4. 氧化乐果;5. 甲基内吸磷;6. 丙线磷;7. 百治磷;8. 久效磷;9. 甲基乙拌磷;10. 乐果;11. 烯虫磷;12. 二嗪磷;13. 乙拌磷;14. 甲基对硫磷;15. 杀螟硫磷;16. 马拉硫磷;17. 倍硫磷;18. 对硫磷;19. 毒虫畏(Z);20. 毒虫畏(E);21. 喹硫磷;22.乙基溴硫磷;23. 杀虫畏;24. 丙溴磷;25. 脱叶磷;26. 三唑磷;27. 敌瘟磷;28. 苯硫磷;29. 保棉磷;30. 益棉磷;31. 蝇毒磷

图 5-1 有机磷农药标准物的气相色谱图

表 5－2 30 种有机磷农药定量和定性选择离子及测定低限素

序号	农药名称	保留时间（min）		特征碎片离子（amu）			测定低限（μg/g）	
		GC－FPD	GC－MSD	定量	定性	丰度比	GC－FPD	GC－MSD
1	甲胺磷	11.02	10.38	141	110、111、126	100:16:27:14	0.20	0.20
2	敌敌畏	11.43	10.77	220	185、187、222	21:100:33:12	0.05	0.10
3	速灭磷	14.11	13.25	192	164、193、224	100:30:30:9	0.20	0.10
4	氧化乐果	16.46	15.24	156	141、181、213	100:12:8:6	0.20	0.10
5	甲基内吸磷	16.94	15.62	142	143、169、230	100:50:14:18	0.10	0.10
6	丙线磷	17.17	15.81	242	158、168、200	24:100:14:39	0.05	0.10
7	百治磷	17.75	16.33	193	127、192、237	13:100:8:10	0.10	0.10
8	久效磷	17.92	16.48	192	127、164、223	100:9:40:20	0.20	0.10
9	甲基乙拌磷	18.61	17.01	246	158、185、217	100:80:30:10	0.05	0.10
10	乐果	18.83	17.20	125	87、143、229	59:100:13:11	0.20	0.20
11	烯虫磷	19.81	18.07	236	194、205、222	69:100:10:71	0.10	0.10
12	二嗪磷	20.30	18.48	304	248、276、289	100:40:47:18	0.10	0.10
13	乙拌磷	20.47	18.59	274	142、153、186	85:100:95:90	0.05	0.10
14	甲基对硫磷	22.25	20.11	263	200、233、246	100:10:14:8	0.10	0.10
15	杀螟硫磷	23.52	21.25	277	214、247、260	100:8:6:55	0.10	0.05
16	马拉硫磷	24.06	21.77	256	173、211、285	10:100:9:6	0.10	0.20
17	倍硫磷	24.45	22.07	278	245、263、279	100:7:7:13	0.10	0.05
18	对硫磷	24.58	22.18	291	218、235、261	100:10:16:14	0.05	0.05
19	毒虫畏（Z）	26.07	23.52	323	267、269、295	69:100:66:24	0.10	0.10
	毒虫畏（E）	26.64	24.04					
20	喹硫磷	26.76	24.12	298	225、241、270	100:22:48:41	0.20	0.20
21	乙基溴硫磷	27.66	24.90	359	242、303、331	100:33:81:35	0.10	0.10
22	杀虫畏	28.05	25.28	329	204、240、331	100:3:10:98	0.10	0.10
23	丙溴磷	29.19	26.29	339	269、297、374	100:45:44:40	0.10	0.20
24	脱叶磷	29.41	26.50	258	202、226、314	44:100:44:19	0.10	0.20
25	三唑磷	32.71	29.60	257	208、285、313	100:67:74:33	0.20	0.20
26	敌瘟磷	33.33	30.05	310	173、201、218	74:100:35:18	0.20	0.20
27	苯硫磷	36.78	33.22	323	185、278、293	47:100:10:8	0.20	0.20
28	保棉磷	38.74	35.02	160	125、132、161	100:16:75:12	0.20	0.20
29	益棉磷	40.88	37.02	160	132、133、161	86:100:11:10	0.20	0.20
30	蝇毒磷	43.24	39.25	362	226、306、334	100:58:14:14	0.20	0.20

五、数据记录及处理

记录每一次的气相色谱图。试样中每种有机磷农药残留含量按下式计算：

$$X_i = \frac{A_i \times c_i \times V}{A_{is} \times m}$$

式中，X_i—— 试样中有机磷农药 i 残留含量，$\mu g \cdot g^{-1}$；

A_i—— 试液中有机磷农药 i 的峰面积(或峰高)；

A_{is}—— 标准工作液中有机磷农药 i 的峰面积(或峰高)；

c_i—— 标准工作液中有机磷农药 i 的浓度，$\mu g \cdot mL^{-1}$；

V—— 样液最终定容体积，mL；

M—— 最终样液代表的试样量，g 。

5.2 设计性实验

一、目的和要求

为了激发学生的学习积极性，培育创新精神，提高理论联系实际的能力和分析问题、解决问题的能力，在实验课的中、后期，安排若干个设计性实验。在确定实验选题后，要求学生运用已学习过的理论知识和实验技能，通过查阅有关的参考资料，拟定实验方案并进行实验。在拟定实验方案的过程中，应注意以下几点：

(1)根据测定试样的性质和测试目的，选定简单、经济和实用的实验方案。

(2)由测试样品的组成和大致含量，选定所用试剂并确定相关的浓度和用量。对于滴定时所使用的标准溶液浓度不要高于：HCl、NaOH，$0.2\ mol \cdot L^{-1}$；EDTA、Zn^{2+}、Cu^{2+}，$0.02\ mol \cdot L^{-1}$；$AgNO_3$、$Na_2S_2O_3$，$0.15\ mol \cdot L^{-1}$。

(3)要考虑试样中共存组分对测定的影响，以确定试样是否需要预处理及处理的方法。

综合考虑上述问题后，拟定实验方案，内容包括：

(1)实验目的；

(2)分析方法原理，包括试样预处理和消除干扰的方法原理，以及实验结果的计算公式；

(3)所需的仪器设备、试剂的规格和浓度；

(4)实验步骤，包括需要进行的条件试验及方法；

(5)注意事项；

(6)参考文献。

拟定好的实验方案应交指导教师评阅后,方可进行实验。

在实验结束后,提交实验报告。实验报告的内容除包括实验方案中的五条外,还需增加以下两条内容:①实验原始数据、实验现象、实验数据处理和实验结果;②对实验现象的讨论和对设计的方案和实验结果的评价。

设计实验完成后,教师应及时组织学生进行交流和总结,使学生的研究性学习成果得以升华。

二、设计性实验选例

1. 中药材黄连中生物碱的测定(紫外吸收光谱法)

提示:中药材黄连为毛茛科植物黄连的干燥根茎,其中所含的生物碱可按盐酸小檗碱($C_{20}H_{18}ClNO_4$)计,用紫外吸收分光光度法测定。将中药材粉碎,过筛,取粉末干,准确称量,置索氏提取器中,用 $HCl-CH_3OH$ 作溶剂加热回流提取。由于植物类药物的组成复杂,上述提取液尚需进一步分离,以排除干扰组分。通常采用柱色谱法进一步分离、富集其中的生物碱,将提取液加于已处理好的氧化铝柱上,用乙醇洗脱,即可得到供试溶液。

2. 水中酚类的气相色谱法测定

提示:酚类是水中重要的污染物,具有致癌,致畸,致突变等潜在毒性。在中国环境优先检测物的黑名单中由 6 种酚类物质:酚、间甲酚、2,4-二氯酚、2,4,6-三氯分、五氯酚和硝基酚。气相色谱法测定水中酚类物质采用乙酸酐做衍生化试剂,将酚转化为相应的酯,用甲苯将生成的酯萃取、富集,然后分离、测定(FID检测)。

3. 食用油中酸值和过氧化值的测定

提示:评价食用油是否符合国家卫生标准,常用的理化标准是酸值和过氧化值。食品中把中和 1g 植物油所需消耗的 KOH 的毫克数表示为植物油的酸值。故可以用氢氧化钾标准溶液滴定溶解于乙醚和乙醇的混合溶剂中植物油的脂肪酸。可用间接碘法分析油脂氧化产生的过氧化物。

4. 果蔬中有机酸总酸度的测定

提示:果蔬中有机酸的总酸度是其所含酸性物质的总和,常用所含主要酸的百分含量表示。其中体积分数换算成质量分数的换算系数分别如下:

柠檬酸:0.064　　乳　酸:0.090　　醋酸:0.060

酒石酸:0.075　　苹果酸:0.067　　草酸:0.045

果蔬测定中,有机酸含量结果的计算通常分为以下几类。

柑橘类:计算柠檬酸含量;葡萄类:计算酒石酸含量;野果类:计算草酸含量;果仁类及大部分浆果类,计算苹果酸含量。

乳制品的酸度是百分含量的 10 倍,以吉尔涅尔度(°T)形式表示。

5. 食用盐中碘酸钾的测定

提示:选取市场销售的加碘食盐进行实验。

实验中的淀粉溶液必须现配现用。

熟悉回归方程的建立和标准曲线的绘制。

用 I_3^- 直接测定时必须用石英比色皿。

6. 矿泉水中阴离子含量的测定

提示:矿泉水是简单的样品无需分离和预处理,即可进行测定。采用离子色谱法进行测定。任选 $1\sim 2$ 种阴离子进行研究。

7. 紫外线吸收光谱定性分析实验

提示:配置合适浓度的苯的乙醇溶液、苯酚水溶液、苯甲酸的乙醇溶液和对苯二酚的水溶液,绘制各物质吸收光谱作为标准光谱图,或查阅相关文件得到。

同样条件下测定未知物的紫外线吸收光谱,与已有的芳香族化合物的标准光谱图进行比照,得到定性分析的结果。

以纯乙醇作为参比,绘制样品乙醇的紫外吸收光谱,根据苯的紫外吸收光谱的特点判断样品乙醇中是否含有杂质苯。

8. 空气中甲醛的测定方法研究

提示:空气中甲醛测定方法常用的有分光光度法,脉冲微分极谱法,高效液相色谱法和气相色谱法等。选择一种方法从灵敏度,检出限,重现性,准确度,干扰等方面进行研究。在综述中要介绍各种测试方法的原理,特点和应用情况。

用空气采样器进行采样。

9. 植物叶片中钙、镁、铁、磷含量的测定

提示:植物叶片进行分析前要进行灰化,即将试样在空气中于敞口的蒸发皿或坩埚中加热,把有机物氧化分解或烧成灰烬。灰化前植物叶片尽可能粉碎,有利于灰化。灰化后用酸溶解,若溶解较慢可用小火加热,得到有关元素离子的溶液,即可采用恰当的方法进行含量测定。注意共存离子的干扰,用适用的方法进行分离或掩蔽。

10. 高效液相色谱法测定饮料中的咖啡因的含量

提示:采用反相高效相色谱法进行测定。用保留时间定性,确定咖啡因的色谱峰。用峰面积作为定量测定参数,用标准曲线进行测定。

附录

附录1 相对原子质量表

符号	名称	原子量	符号	名称	原子量	符号	名称	原子量
Ac	锕	[227]	Ge	锗	72.61	Pr	镨	140.90765
Ag	银	107.8682	H	氢	1.00794	Pt	铂	195.08
Al	铝	26.98154	He	氦	4.002602	Pu	钚	[244]
Am	镅	[243]	Hf	铪	178.49	Ra	镭	226.0254
Ar	氩	39.948	Hg	汞	200.59	Rb	铷	85.4678
As	砷	74.92160	Ho	钬	164.93032	Re	铼	186.207
At	砹	[210]	I	碘	126.90447	Rh	铑	102.90550
Au	金	196.96654	In	铟	114.818	Rn	氡	[222]
B	硼	10.811	Ir	铱	192.2217	Ru	钌	101.07
Ba	钡	137.327	K	钾	39.0983	S	硫	32.066
Be	铍	9.01218	Kr	氪	83.80	Sb	锑	121.760
Bi	铋	208.98038	La	镧	138.9055	Sc	钪	44.9559
Bk	锫	[247]	Li	锂	6.941	Se	硒	78.96
Br	溴	79.904	Lr	铹	[262]	Si	硅	28.0855
C	碳	12.011	Lu	镥	174.967	Sm	钐	150.36
Ca	钙	40.078	Md	钔	[256]	Sn	锡	118.710
Cd	镉	112.411	Mg	镁	24.3050	Sr	锶	87.62
Ce	铈	140.116	Mn	锰	54.936809	Ta	钽	180.9479
Cf	锎	[251]	Mo	钼	95.94	Tb	铽	158.9253t
Cl	氯	35.4527	N	氮	14.00674	Tc	锝	98.9062
Cm	锔	[247]	Na	钠	22.989770	Te	碲	127.60
Co	钴	58.93320	Nb	铌	92.90638	Th	钍	232.0381
Cr	铬	51.9961	Nd	钕	144.24	Ti	钛	47.88
Cs	铯	132.90545	Ne	氖	20.1797	Tl	铊	204.3833
Cu	铜	63.546	Ni	镍	58.6934	Tm	铥	168.9342l
Dy	镝	162.50	No	锘	[259]	U	铀	238.0289
Er	铒	167.26	Np	镎	237.0482	V W	钒 钨	50.9415
Es	锿	[252]	O	氧	15.9994	Xe	氙	183.85
Eu	铕	151.96	Os	锇	190.23	Y Yb	钇 镱	131.29
F	氟	18.99840	P	磷	30.973761	Zn	锌	88.90585
Fe	铁	55.845	Pa	镤	231.03588	Zr	锆	173.04
Fm	镄	[257]	Pb	铅	207.2			65.39
Fr	钫	[223]	Pd	钯	106.42			91.224
Ga	镓	69.723	Pm	钷	[145]			
Gd	钆	157.25	Po	钋	[209]			

附录2 常用化合物的相对分子质量表

分子式	式量	分子式	式量	分子式	式量
$AgBr$	187.78	$NH_4Fe(SO_4)_2 \cdot 12H_2O$	482.19	MgO	40.31
$AgCl$	143.32	$HCHO$	30.03	$MgNH_4PO_4$	137.33
AgI	234.77	$HCOOH$	46.03	$Mg_2P_2O_7$	222.56
$AgCN$	133.84	$H_2C_2O_4$	90.04	MnO_2	86.94
$AgNO_3$	169.87	HCl	36.46	$Na_2B_4O_7 \cdot 10H_2O$	381.37
Al_2O_3	101.96	$HClO_4$	100.46	$NaBr$	102.90
$Al_2(SO_4)_3$	342.15	HNO_2	47.01	Na_2CO_3	105.99
As_2O_3	197.84	HNO_3	63.01	$Na_2C_2O_4$	134.00
$BaCl_2$	208.25	H_2O	18.02	$NaCl$	58.44
$BaCl_2 \cdot 2H_2O$	244.28	H_2O_2	34.02	$NaCN$	49.01
$BaCO_3$	197.35	H_3PO_4	98.00	$Na_2C_{10}H_{14}O_8N_2 \cdot 2H_2O$	372.09
BaO	153.34	H_2S	34.08	Na_2O	61.98
$Ba(OH)_2$	171.36	HF	20.01	$NaOH$	40.01
$BaSO_4$	233.40	HCN	27.03	Na_2SO_4	142.04
$CaCO_3$	100.09	H_2SO_4	98.08	$Na_2S_2O_3 \cdot 5H_2O$	248.18
CaC_2O_4	128.10	$HgCl_2$	271.50	Na_2SiF_6	188.06
CaO	56.08	KBr	119.01	Na_2S	78.04
$Ca(OH)_2$	74.109	$KBrO_3$	167.01	Na_2SO_3	126.04
$CaSO_4$	136.14	KCl	74.56	NH_4Cl	53.49
$Ce(SO_4)_2$	333.25	K_2CO_3	138.21	NH_3	17.03
CO_2	44.01	KCN	65.12	$NH_3 \cdot H_2O$	35.05
CH_3COOH	60.05	K_2CrO_4	194.20	$(NH_4)_2SO_4$	132.14
$C_6H_8O_7 \cdot H_2O$ (柠檬酸)	210.14	$K_2Cr_2O_7$	294.19	P_2O_5	141.95
$C_4H_8O_6$ (酒石酸)	150.09	$KHC_8H_4O_4$	204.23	PbO_2	239.19
CH_3COCH_3	58.08	KI	166.01	$PbCrO_4$	323.18
C_6H_5OH	94.11	KIO_3	214.00	SiF_4	104.08
$C_2H_2(COOH)_2$ (丁烯二酸)	116.07	$KMnO_4$	158.04	SiO_2	60.08
CuO	79.54	K_2O	94.20	SO_2	64.06
$CuSO_4$	159.60	KOH	56.11	SO_3	80.06
$CuSO_4 \cdot 5H_2O$	249.68	$KSCN$	97.18	$SnCl_2$	189.60
$CuSCN$	121.62	K_2SO_4	174.26	TiO_2	79.90
FeO	71.85	$KAl(SO_4)_2 \cdot 12H_2O$	474.39	ZnO	81.37
Fe_2O_3	159.69	KNO_2	85.10	$ZnSO_4 \cdot 7H_2O$	287.54
Fe_3O_4	231.54	$K_4Fe(CN)_6$	368.36	$FeSO_4 \cdot 7H_2O$	278.02
$K_3Fe(CN)_6$	329.26	$Fe_2(SO_4)_3$	399.87	$MgCl_2 \cdot 6H_2O$	203.23
$FeSO_4(NH_4)_2SO_4 \cdot 6H_2O$	392.14	$MgCO_3$	84.32		

附录 3 常用基准物质的干燥条件

基准物名称(化学式)	式量	干燥条件
碳酸钠(Na_2CO_3)	105.9890	270～300 ℃干燥至恒重,干燥器中冷却
邻苯二甲酸氢钾($KHC_8H_4O_4$)	204.229	110～120 ℃干燥至恒重,干燥器中冷却
重铬酸钾($K_2Cr_2O_7$)	249.192	140～150 ℃干燥至恒重,干燥器中冷却
铜(Cu)	63.546	干燥器中保存 24 h 以上
溴酸钾($KBrO_3$)	167.004	120℃干燥 1～2 h,干燥器中冷却
碘酸钾(KIO_3)	214.005	120～140 ℃干燥 1.5～2 h,干燥器中冷却
草酸钠($Na_2C_2O_4$)	134.000	105～110℃干燥 2 h,干燥器中冷却
氯化钠($NaCl$)	58.4432	500～650℃干燥 40～45 min,干燥器中冷却
硝酸银($AgNO_3$)	169.873	280～290℃干燥至恒重
碳酸钙($CaCO_3$)	100.09	120℃干燥至恒重,干燥器中冷却
氧化锌(ZnO)	81.37	800℃灼烧至恒重,干燥器中冷却
氧化镁(MgO)	40.304	800℃灼烧至恒重,干燥器中冷却
锌(Zn)	65.38	室温干燥器中保存
对氨基苯磺酸($H_2NC_6H_4SO_3H$)	173.192	120℃干燥至恒重,干燥器中冷却

附录 4 常用浓酸、浓碱溶液的密度和浓度

试剂名称	化学式	式量	密度 /(g·mL^{-1})	质量分数 w/%	物质的量浓度 c_B/(mol·L^{-1})
浓硫酸	H_2SO_4	98.08	1.83～1.84	95～98	17.8～18.4
浓盐酸	HCl	36.46	1.18～1.19	36～38	11.6～12.4
浓硝酸	HNO_3	63.01	1.39～1.40	65.0～68.0	14.4～15.2
浓磷酸	H_3PO_4	98.00	1.69	85	14.6
冰乙酸	CH_3COOH	60.05	1.05	99.0	17.4
高氯酸	$HClO_7$	100.46	1.68	70.0～72.0	11.7～12.0
氢氟酸	HF	20.01	1.13	40	22.5
氢溴酸	HBr	80.91	1.49	47.0	8.6
浓氢氧化钠	$NaOH$	40.00	1.43	40	14
浓氨水	$NH_3·H_2O$	17.03	0.88～0.90	25.0～28.0	13.3～14.8
三乙醇胺	$N(CH_2CH_2OH)_3$	149.19	1.124		7.5

附录 5 常用指示剂

一、酸碱指示剂

名　称	变色 pH 范围	颜色变化	配制方法
百里酚蓝	1.2～2.8	红—黄	将 0.1 g 指示剂溶于 100 mL 20％ 乙醇中
	8.0～9.6	黄—蓝	
甲基橙	3.1～4.4	红—橙黄	将 0.1 g 甲基橙溶于 100 mL 热水
溴酚蓝	3.0～4.6	黄—紫蓝	将 0.1 g 指示剂溶于 100 mL 20％ 乙醇中
溴甲酚绿	3.8～5.4	黄—蓝	将 0.1 g 指示剂溶于 100 mL 20％ 乙醇中
甲基红	4.8～6.0	红—黄	将 0.1 g 甲基红溶于 60 mL 乙醇中，加水到 100 mL
中性红	6.8～8.0	红—黄橙	将 0.1 g 中性红溶于 60 mL 乙醇中，加水至 100 mL
酚酞	8.2～10.0	无色—淡红	将 1 g 酚酞溶于 90 mL 乙醇中，加水至 100 mL
百里酚酞	9.4～10.6	无色—蓝色	将 1 g 百里酚酞溶于 90 mL 乙醇中，加水至 100 mL
茜素黄 R	10.1～12.1	黄—紫	将 0.1 g 茜素黄溶于 100 mL 水中
甲基红-溴甲酚绿	5.1(灰)	红—绿	3 份 1 g·L^{-1}溴甲酚绿乙醇溶液与 1 份 2 g·L^{-1}甲基红乙醇溶液混合
百里酚酞-茜素黄 R	10.2	黄—紫	将 0.1 g 茜素黄和 0.2 g 百里酚酞溶于 100 mL 乙醇中
甲酚红-百里酚蓝	8.3	黄—紫	1 份 1 g·L^{-1}甲酚红钠盐水溶液与 3 份 1 g·L^{-1}百里酚蓝钠盐水溶液混合

二、氧化还原指示剂

名称	变色电位 $\varphi^\ominus/V$	颜色		配制方法
		氧化态	还原态	
二苯胺,10 g · L^{-1}	0.76	紫	无色	将 1 g 二苯胺在搅拌下溶于 100 mL 浓硫酸和 100 mL 浓磷酸,贮于棕色瓶中
二苯胺磺酸钠,0.5%	0.85	紫	无色	将 0.5 g 二苯胺磺酸钠溶于 100 mL 水中,必要时过滤
邻二氮杂菲硫酸亚铁,0.5%	1.06	淡蓝	红	将 0.5 g FeSO$_4$ · 7H$_2$O 溶于 100 mL 水中,加 2 滴硫酸,加 0.5 g 邻二氮杂菲
邻苯氨基苯甲酸,0.2%	1.08	紫红	无色	将 0.2 g 邻苯氨基苯甲酸加热溶解在 100 mL 2 g · L^{-1} Na$_2$CO$_3$ 溶液中

三、沉淀及金属指示剂

名　称	颜　色		配制方法
	游离态	化合物	
铬酸钾	黄	砖红	50 g · L^{-1} 水溶液
硫酸铁铵,40%	无色	血红	NH$_4$Fe(SO$_4$)$_2$ · 12H$_2$O 饱和水溶液,加数滴浓 H$_2$SO$_4$
荧光黄,0.5%	绿色荧光	玫瑰红	0.50 g 荧光黄溶于乙醇,并用乙醇稀释至 100 mL
铬黑 T(EBT)	蓝	酒红	(1)将 0.2 g 铬黑 T 溶于 15 mL 三乙醇胺及 5 mL 甲醇中 (2)将 1 g 铬黑 T 与 100 g NaCl 研细、混匀(1:100)
钙指示剂	蓝	红	将 0.5 g 钙指示剂与 100 g NaCl 研细、混匀
二甲酚橙,1 g · L^{-1} (XO)	黄	红	将 0.1 g 二甲酚橙溶于 100 mL 离子交换水中
K-B 指示剂	蓝	红	将 0.5 g 酸性铬蓝 K 加 1.25 g 萘酚绿 B,再加 25 g K$_2$SO$_4$ 研细、混匀
磺基水杨酸	无	红	1% 或 10% 水溶液
PAN 指示剂,2 g · L^{-1}	黄	红	将 0.2 g PAN 溶于 100 mL 乙醇中
邻苯二酚紫,1 g · L^{-1}	紫	蓝	将 0.1 g 邻苯二酚紫溶于 100 mL 水中
钙镁试剂(calmagite) 0.5%	红	蓝	将 0.5 g 钙镁试剂溶于 100 mL 水中

附录 6 常用缓冲溶液的配制

缓冲溶液组成	pKa	缓冲液 pH	缓冲溶液配制方法
氨基乙酸－HCl	2.35(pK$_{a1}$)	2.3	取氨基乙酸 150 g 溶于 500 mL 水中加浓 HCl 80 mL，水稀释至 1 L
H$_3$PO$_4$－枸橼酸盐	2.86	2.5	取 Na$_2$HPO$_4$·12H$_2$O 113 g 溶于 200 mL 水后，加枸橼酸 387 g，溶解过滤后，稀释至 1 L
一氯乙酸－NaOH	2.95(pK$_{a1}$)	2.8	取 200 g 一氯乙酸溶于 200 mL 水中，加 NaOH 40 g 溶解后，稀释至 1 L
邻苯二甲酸氢钾－HCl	3.76	2.9	取 500 mg 邻苯二甲酸溶于 500 mL 水中，加浓 HCl 80 mL，稀释至 1 L
甲酸－NaOH	4.74	3.7	取 95 g 甲酸和 NaOH 40 g 于 500 mL 水中，溶解，稀释至 1 L
NH$_4$Ac－HAc	4.74	4.5	取 NH$_4$Ac 77 g 溶于 200 mL 水中，加冰醋酸 59 mL，稀释至 1 L
NaAc－HAc		4.7	取无水 NaAc 83 g 溶于水中，加冰醋酸 60 mL，稀释至 1 L
NaAc－HAc		5.0	取无水 NaAc 160 g 溶于水中，加冰醋酸 60 mL，稀释至 1 L
NH$_4$Ac－HAc		5.0	取无水 NH$_4$Ac 250 g 溶于水中，加冰醋酸 25 mL，稀释至 1 L
六次甲基四胺－HCl	5.15	5.4	取六次甲基四胺 40 g 溶于 200 mL 水中，加浓 HCl 10 mL，稀释至 1 L
NH$_4$Ac－HAc		6.0	取无水 NH$_4$Ac 600 g 溶于水中，加冰醋酸 20 mL，稀释至 1 L
Tris－HCl(三羟甲基氨甲烷) CNH$_2$≡(HOCH$_2$)$_3$	8.21	8.2	取 25 g Tris 试剂溶于水中，加浓 HCl 8 mL，稀释至 1 L
NH$_3$－NH$_4$Cl	9.26	9.0	取 NH$_4$Cl 70 g 溶于水中，加浓氨水 48 mL，稀释至 1 L
NH$_3$－NH$_4$Cl	9.26	9.5	取 NH$_4$Cl 54 g 溶于水中，加浓氨水 126 mL，稀释至 1 L
NH$_3$－NH$_4$Cl	9.26	10.0	取 NH$_4$Cl 54 g 溶于水中，加浓氨水 350 mL，稀释至 1 L

附录7 常用分析化学实验名词术语汉英对照

A

绝对误差	absolute error
吸光度	absorbance
吸收曲线	absorption curve
吸收蜂	absorption peak
吸收系数	absorptivity; absorption coefficient
偶然误差	accident error
准确度	accuracy
酸碱滴定	acid-base titration
酸效应系数	acidic effective coefficient
酸效应曲线	acidic effective curve
酸度常数	acidity constant
活度	activity
活度系数	activity coefficient
吸附剂	adsorbent
吸附	adsorption
吸附指示剂	adsorption indicator
亲和力	affinity
陈化	aging
空气冷凝管	air cooler
导气管	air duct
无定形沉淀	amorphous precipitate
两性溶剂	amphiprotic solvent
两性物	amphoteric substance
分析天平	analytical balance
分析化学	analytical chemistry
分析浓度	analytical concentration
分析试剂	analytical reagent
表观形成常数	apparent formation constant
水相	aqueous phase

仲裁分析	arbitration analysis
银量法	argentimetry
灰化	ashing
常压蒸馏装置	atmospheric distillation plant
原子光谱	atomic spectrum
质子自递常数	autoprotolysis constant
助色团	auxochromicgroup
平均偏差	average deviation

B

反萃取	back extraction
带状光谱	band spectrum
带宽	bandwidth
红移	bathochromic shift
烧杯	beaker
空白	blank
指示剂的封闭	blocking of indicator
溴量法	bromometry
缓冲容量	buffer capacity
缓冲溶液	buffer solution
球形冷凝管	bulb condenser
滴定管夹	burette holder
滴定管架	burette support
滴定管	burette

C

钙指示剂	calconcarboxylic acid
校准曲线	calibrated curve
校准	calibration
催化反应	catalyzed reaction
铈量法	ceriometry
电荷平衡	charge balance
螯合物	chelate
螯合物萃取	chelate extraction
化学分析	chemical analysis

化学因数	chemical factor
化学需氧量	chemical oxygen demand
化学纯	chemical pure
色谱法	chromatography
发色团	chromophoric group
变异系数	coefficient of variation
显色剂	color reagent
颜色转变点	color transition point
比色计	colorimeter
比色法	colorimetry
柱色谱	column chromatography
配合物	complex
配位反应	complexation
配位滴定法	complexometry, complexometric titration
氨羧络合剂	complexone
浓度常数	concentration constant
条件萃取常数	conditional extraction constant
条件形成常数	conditional formation constant
条件电位	conditional potential
条件溶度积	conditional solubility product
置信区间	confidence interval
置信水平	confidence level
共轭酸碱对	conjugate acid-base pair
恒重	constant weight
沾污	contamination
连续光谱	continuous spectrum
共沉淀	coprecipitation
校正	correction
相关系数	correlation coefficient
坩埚	crucible
晶形沉淀	crystalline precipitate
累积常数	cumulative constant
凝乳状沉淀	curdy precipitate

D

自由度	degree of freedom
解蔽	demasking
导数光谱	derivative spectrum
干燥剂	desiccant;drying agent
保干器	desiccator
可测误差	determinate error
氘灯	deuterium lamp
偏差	deviation
二元酸	dibasic acid
二氯荧光黄	dichloro fluorescein
重铬酸钾法	dichromate titration
介电常数	dielectric constant
示差光度法	differential spectrophotometry
区分效应	differentiating effect.
色散	dispersion
解离常数	dissociation constant,
蒸馏	distillation
分配系数	distribution coefficient
分布图	distribution diagram
分配比	distribution ratio
双光束分光光度计	double beam spectrophotometer
双波长分光光度法	dual-wavelength spectrophotometry

E

电炉,电热器	electric heater, electric furnace
电热板	electric heating panel, electric hot plate
电极	electrode
电子天平	electronic balance
电泳	electrophoresis
淋洗剂	eluent
终点	end point
终点误差	end point error
富集	enrichment

平衡浓度	equilibrium concentration
铬黑 T	eriochrome black T(EBT)
锥形瓶	erlenmeyer flask;conical flask
误差	error
乙二胺四乙酸	ethylenediarnine tetraacetic acid(EDTA)
蒸发皿	evaporating dish
交换容量	exchange capacity
交联度	extent of crosslinking
萃取常数	extraction constant
萃取率	extraction rate
萃取光度法	extraction spectrophotometric method
萃取器，抽提器	extractor
萃取用冷凝管	extraction condenser

F

法扬司法	Fajans method
邻二氮菲亚铁离子	ferroin
漏斗	filler
滤光片	filter
滤纸	filter paper
过滤	filtration
熔剂	flux
荧光黄	fluorescein
形成常数	formation constant
分步沉淀	fractional precipitation
频率	frequency
频率密度	frequency density
频率分布	frequency distribution
熔融	fusion

G

气相色谱	gas chromatography(GC)
石棉网	gauze
玻璃比色皿	glass cell
玻璃棒	glass rod

光栅	grating
重量因数	gravimetric factor
重量分析	gravimetry
保证试剂	guarantee reagent

H

高效液相色谱	high performance liquid chromatography(HPLC)
均相沉淀	homogeneous precipitation
角匙	horn scoop
加热板	hot plate
氢灯	hydrogen lamp
紫移	hypochromic shift

I

灼烧	ignition
恒温箱	incubator
指示剂	indicator
诱导反应	induced reaction
惰性溶剂	inert solvent
不稳定常数	instability constant
仪器分析	instrumental analysis
国际标准化组织	International Standardization Organization(ISO)
国际纯粹与应用化学联合会	International Union of Pure and Applied Chemistry(IUPAC)
固有酸度	intrinsic acidity
固有碱度	intrinsic basicity
固有溶解度	intrinsic solubility
碘钨灯	iodine-tungsten lamp
滴定碘法	iodometry
离子缔合物萃取	ion association extraction
离子色谱	ion chromatography(IC)
离子交换	ion exchange
离子交换树脂	ion exchange resin
离子选择电极	ion selective electrode
离子强度	ionic strength

K

卡尔·费歇尔法	Karl Fischer titration
凯氏定氮法	Kjeldahl determination

L

朗伯·比尔定律	Lambert-Beer's law
拉平效应	leveling effect
配位体	ligand
光源	light source
线状光谱	line spectrum
线性回归	linear regression
液相色谱	liquid chrornatography(LC)

M

常量分析	macro analysis
磁力搅拌机	magnetic stirrer
掩蔽	masking
掩蔽指数	masking index
质量平衡	mass balance
物料平衡	material balance
最大吸收	maximum absorption
平均值	mean, average
测量值	measured value
量筒	measuring cylinder
中位数	median
汞量法	mercurimetry
汞灯	mercury lamp
[筛]目	mesh
金属指示剂	metallochromic indicator
甲基橙	methyl orange(MO)
甲基红	methyl red(MR)
微量分析	micro analysis
混晶	mixed crystal
混合指示剂	mixed indicator
流动相	mobile phase

莫尔法	Mohr method
摩尔吸光系数	molar absorptivity
摩尔比法	mole ratio method
分子光谱	molecular spectrum
一元酸	monoacid
单色光	monochromatic light
单色器	monochromator
研钵	mortar
马弗炉	muffle furnace

N

中性溶剂	neutral solvent
中和	neutralization
非水滴定	non-aqueous titration
正态分布	normal distribution

O

包藏	occlusion
有机相	organic phase
指示剂的僵化	ossification of indicator
离群值	outlier
烘箱	oven

P

纸色谱	paper chromatography(PC)
平行测定	parallel determination
光程	path length; light path
高锰酸钾法	permanganate titration
pH 玻璃电极	pH glass electrode
酸度计	pH meter
相比	phase ratio
酚酞	phenolphthalein(PP)
光电池	photocell
光电比色计	photoelectric colorimeter
光电倍增管	photomultiplier
光电管	phototube

镊子	pincette
吸量管	pipet(te);measuring pipet
移液管	pipette
极性溶剂	polar solvent
多元酸	polyprotic acid
总体	population
后沉淀	postprecipitation
沉淀剂	precipitant
沉淀形	precipitation form
沉淀滴定法	precipitation titration
精密度	precision
预富集	pre－concentration
基准物质	primary standard substance
棱镜	prism
概率	probability
质子	proton
质子条件	proton condition
质子化	protonation
质子化常数	protonation constant
纯度	purity

Q

定性分析	qualitative analysis
定量分析	quantitative analysis
定量滤纸	quantitative filter paper
四分法	quartering
石英池（比色皿）	quartz cell

R

随机误差	random error
全距（极差）	range
试剂空白	reagent blank
试剂瓶	reagent bottle
回收率	recovery
氧化还原指示剂	redox indicator

氧化还原滴定	redox titration
参考水平	reference level
标准物质	reference material(RM)
参比溶液	reference solution
相对误差	relative error
分辨力	resolution
游码	rider
常规分析	routine analysis

S

试样,样品	sample
取样	sampling
饱和甘汞电极	saturated calomel electrode
自身指示剂	self indicator
半微量分析	semimicro analysis
分离	separation
分离因数	separation factor
副反应系数	side reaction coefficient
显著性检验	significance test
有效数字	significant figure
多组分同时测定	simultaneous determination of multicomponents
单光束分光光度计	single beam spectrophotometer
单盘天平	single-pan balance
狭缝	slit
二苯胺磺酸钠	sodium diphenyla mine sulfonate
溶度积	solubility product
溶剂萃取	solvent extraction
型体(物种)	species
比消光系数	specific extinction coefficient
光谱分析	spectral analysis
分光光度计	spectrophotometer
分光光度法	spectrophotometry
稳定常数	stability constant
标准曲线	standard curve
标准偏差	standard deviation

标准电位	standard potential
标准系列法	standard series method
标准溶液	standard solution
标定	standardization
淀粉	starch
固定相	stationary phase
蒸汽浴	steam bath
逐级稳定常数	stepwise stability constant
分步滴定	stepwise titration
搅拌棒	stirring rod
搅拌器	stirrer
化学计量点	stoichiometric point
结构分析	structure analysis
表面活性剂	surfactant,surface active agent
过饱和	supersaturation
系统误差	systematic error

T

试液	test solution
热力学常数	thermodynamic constant
温度计	thermometer
薄层色谱	thin layer chromatography(TLC)
百里酚酞	thymolphthalein(THPP)
被滴物	titrand
滴定剂	titrant
滴定	titration
滴定常数	titration constant
滴定曲线	titration curve
滴定误差	titration error
滴定分数	titration fraction
滴定指数	titration index
滴定突跃	titration jump
滴定分析	titrimetry
痕量分析	trace analysis
变色间隔	transition interval

透色比	transmittance
三元酸	triacid
真值	true value
钨灯	tungsten lamp

U

超痕量分析	ultratrace analysis
紫外/可见分光光度法	UV/VIS spectrophotometry

V

挥发	volatilization
佛尔哈德法	Volhard method
容量瓶	volumetric flask
容量分析	volumetry

W

洗瓶	washing bottle
洗液	washings
水浴	water bath
称量瓶	weighing bottle
称量形	weighing form
砝码	weights
工作曲线	working curve

Z

零水平	zero level

附录8　定量分析实验仪器清单

1. 发给学生的仪器

仪器名称	规格	数量	仪器名称	规　格	数量
量筒	10 mL	1个	洗耳球		1个
	100 mL	1个	称量瓶	25 mm×25 mm	2个＊
酸式滴定管	25 mL	1个	表面皿	7～8 cm	2个
碱式滴定管	25 mL	1个		11～12 cm	2个
容量瓶	250 mL	2个	玻璃棒		2支
	50 mL	7个＊	烧杯	250 mL	2个
移液管	25 mL	1支		400 mL	2个
	20 mL	1支＊	试剂瓶	500 mL	2个
	10 mL	1支＊		1000 mL	2个
吸量管	5 mL	1支＊	洗瓶	500 mL	1个
	2 mL	1支＊	牛角匙		2个
	1 mL	1支＊			
锥形瓶	250 mL	3个			

标有"＊"的,在个别实验中提供。

2. 公用仪器

分析天平,电热板,滴定台,滴定管架,移液管架,电烘箱,分光光度计,漏斗,漏斗架,石棉网,滤纸,定量滤纸,坩埚,坩埚钳,干燥器,试管刷。

附录9 滴定分析实验操作考察评分表
(NaOH 溶液浓度的标定)

专业： 年级： 学号： 姓名：

	评分项目	分数	得分
天平	1. 取下、放好天平罩,清扫天平,检查水平	1	
	2. 称量(称量瓶+邻苯二甲酸氢钾)		
	①称量瓶置于秤盘中央	2	
	②关天平门读数、记录	2	
	3. 差减法倒出邻苯二甲酸氢钾		
	①手不直接接触称量瓶	2	
	②敲瓶动作(距离适中,轻敲上部,逐渐竖直,轻敲瓶口)	3	
	③未倒出杯外	2	
	④称一份试样,倒样不多于3次,多1次扣1分	2	
	⑤称量范围 0.4~0.5 g	2	
	⑥称量时间在 10 min 内,超过 1 min 扣 1 分	2	
	4. 结束工作(关天平门,罩好天平罩,登记使用记录)	2	
	5. 其他扣分(称量错误,打破称量瓶等扣3~5分)		
	小计	20	
容量瓶	1. 清洁(内壁不挂水珠)	1	
	2. 溶解邻苯二甲酸氢钾(全溶;若加热溶解,溶解后应冷至室温)	2	
	3. 定量转入 250 mL 容量瓶(转移溶液操作正确,不溅失)	3	
	4. 冲洗烧杯,玻璃棒3~5次	2	
	5. 稀释至标线(最后用滴管加水,视线与标线平)	1	
	6. 摇匀	1	
	小计	10	
移液管	1. 清洁(内壁和下部外壁不挂水珠,吸干尖端内外水分)	2	
	2. 25 mL 移液管用待吸液润洗 3 次(每次适量)	2	
	3. 吸液(手法规范,吸空不给分)	3	
	4. 调节液面至标线(管竖直,容量瓶倾斜,管尖靠容量瓶内壁,调节自如;不能超过2次,超过1次扣1分)	4	
	5. 放液(管竖直,锥形瓶倾斜,管尖靠锥形瓶内壁,最后停留 15 s)	4	
	小计	15	

滴定	1. 清洁(滴定管及锥形瓶内壁不挂水珠)	1	
	2. 用操作液润洗 3 次	2	
	3. 装液,调初读数,无气泡,不漏水	3	
	4. 滴定(确保平行滴定 3 次)		
	①滴定管(手法规范;连续滴加,加 1 滴,加半滴;不漏水)	4	
	②锥形瓶(位置适中. 手法规范,溶液作圆周运动)	3	
	③终点判断(近终点加 1 滴,半滴,颜色适中)	4	
	5. 读数(手不捏盛液部分,管竖直;眼与液面水平,读弯月面下缘实线最低点;读至 0.01 mL,及时记录)	4	
	6. 滴定管读数前尖端无气泡	2	
	7. 滴定过程中保持台面整洁	2	
	小计	25	

结果	c_{NaOH}(平均值)＝ mol·L^{-1},相对平均偏差＝ ％				20	
	准确度	分数	相对平均偏差	分数		
	±0.2％内	10	≤0.2％	10		
	±0.5％	8	≤0.5％	8		
	±1％内	6	≤1.0％	6		
	±2％内	4	≤2.0％	4		
	±2％以外	2	≥2.0％	2		

实验报告	1. 数据记录规范,计算正确,报告完整	6	
	2. 报告清洁整齐	4	
	小计	10	

| 总分 | | 100 | |

参考文献

1. 武汉大学主编. 分析化学实验[M](第四版). 北京:高等教育出版社,2000.
2. 武汉大学主编. 分析化学(上册/下册)[M](第五版). 北京:高等教育出版社,2006.
3. 北京大学化学系分析化学教学组编. 基础分析化学实验[M](第二版版). 北京:北京大学出版社,1998.
4. 武汉大学化学与分子科学学院实验中心编. 分析化学实验[M]. 武汉:武汉大学出版社,2003.
5. 四川大学化工学院,浙江大学化学系合编. 分析化学实验[M](第三版). 北京:高等教育出版社,2003.
6. 孙毓庆,严拯宇,范国荣. 分析化学实验[M]. 北京:科学出版社,2004.
7. 杨小弟,李来发,王东新. 分析化学技能训练[M]. 北京:化学工业出版社,2008.
8. 浙江大学,华东理工大学,四川大学合编. 新编大学化学实验[M]. 北京:高等教育出版社,2002.
9. 浙江大学化学系编. 基础化学实验[M]. 北京:科学出版社,2005.
10. 浙江大学化学系编. 中级化学实验[M]. 北京:科学出版社,2005.
11. 张明晓. 分析化学实验教程[M]. 北京:科学出版社,2008.
12. 邓珍灵. 现代分析化学实验[M]. 长沙:中南大学出版社,2002.
13. 陈培榕,李景鸿,邓勃. 现代仪器分析实验与技术[M]. 北京:清华大学出版社,2006.
14. 杨万龙,李文友. 仪器分析实验[M]. 北京:科学出版社,2008.
15. 上海师范大学生命与环境科学学院组编. 分析化学实验[M]. 北京:科学出版社,2008.
16. 王冬梅. 分析化学实验[M]. 武汉:华中科技大学出版社,2007.
17. 侯曼玲. 食品分析[M]. 北京:化学工业出版社,2007.
18. 奚旦立,孙裕生,刘秀英. 环境监测[M]. 北京:高等教育出版社,1995.
19. 王瑞,东卫国. 纺织品质量控制与检验[M]. 北京:化学工业出版社,2006.
20. 万融,刑生远. 服用纺织品质量分析与检测[M]. 北京:中国纺织出版社,2006.